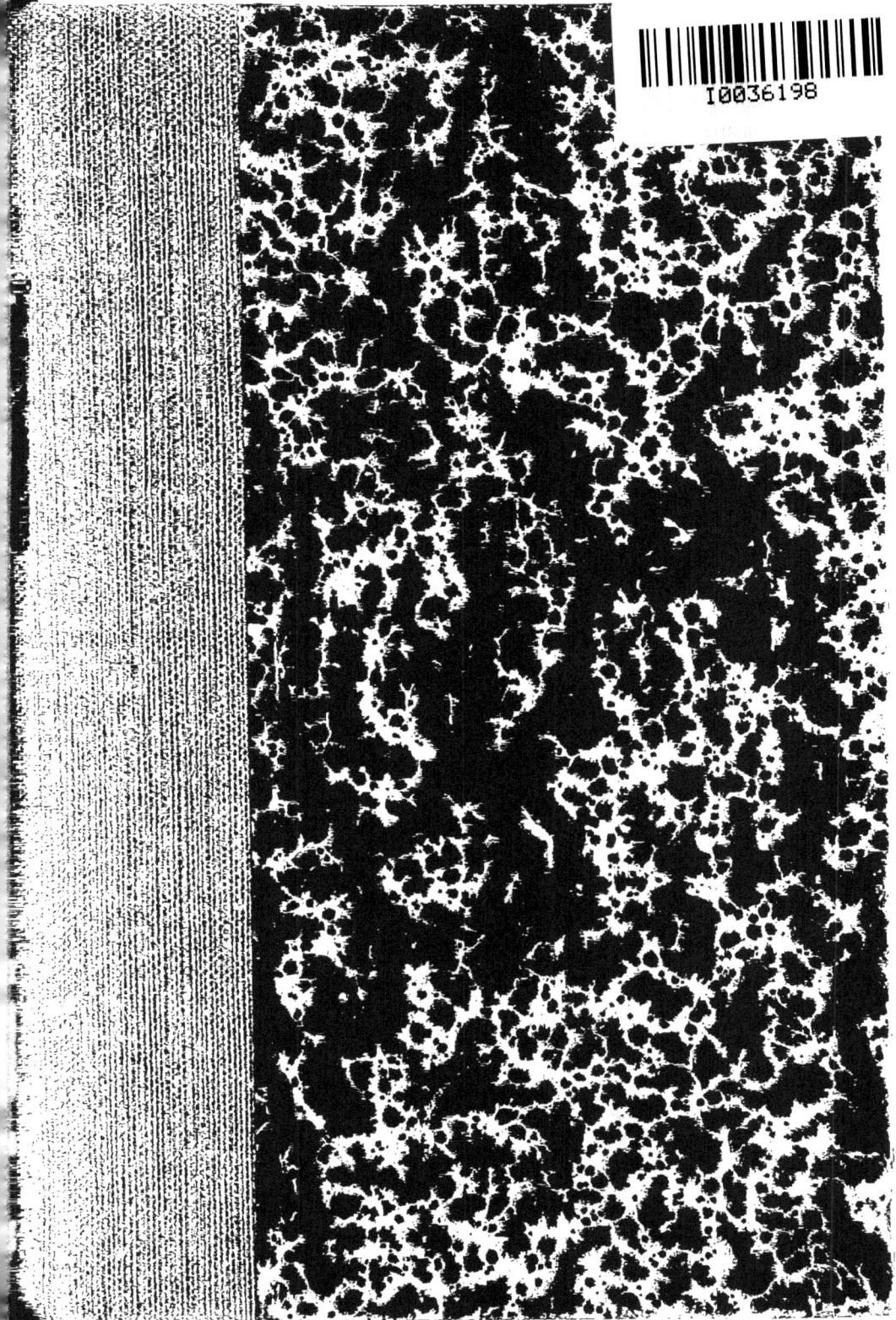

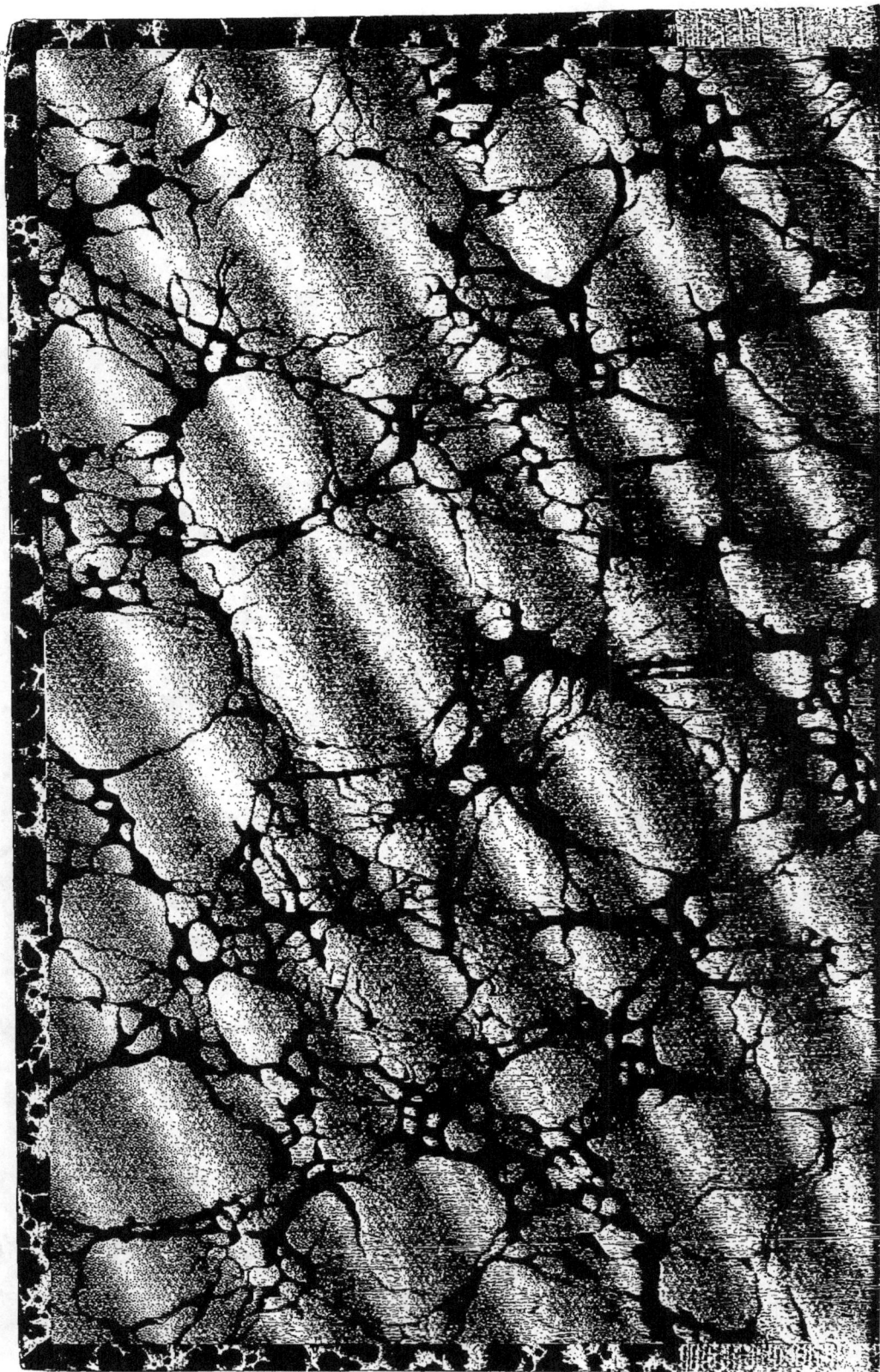

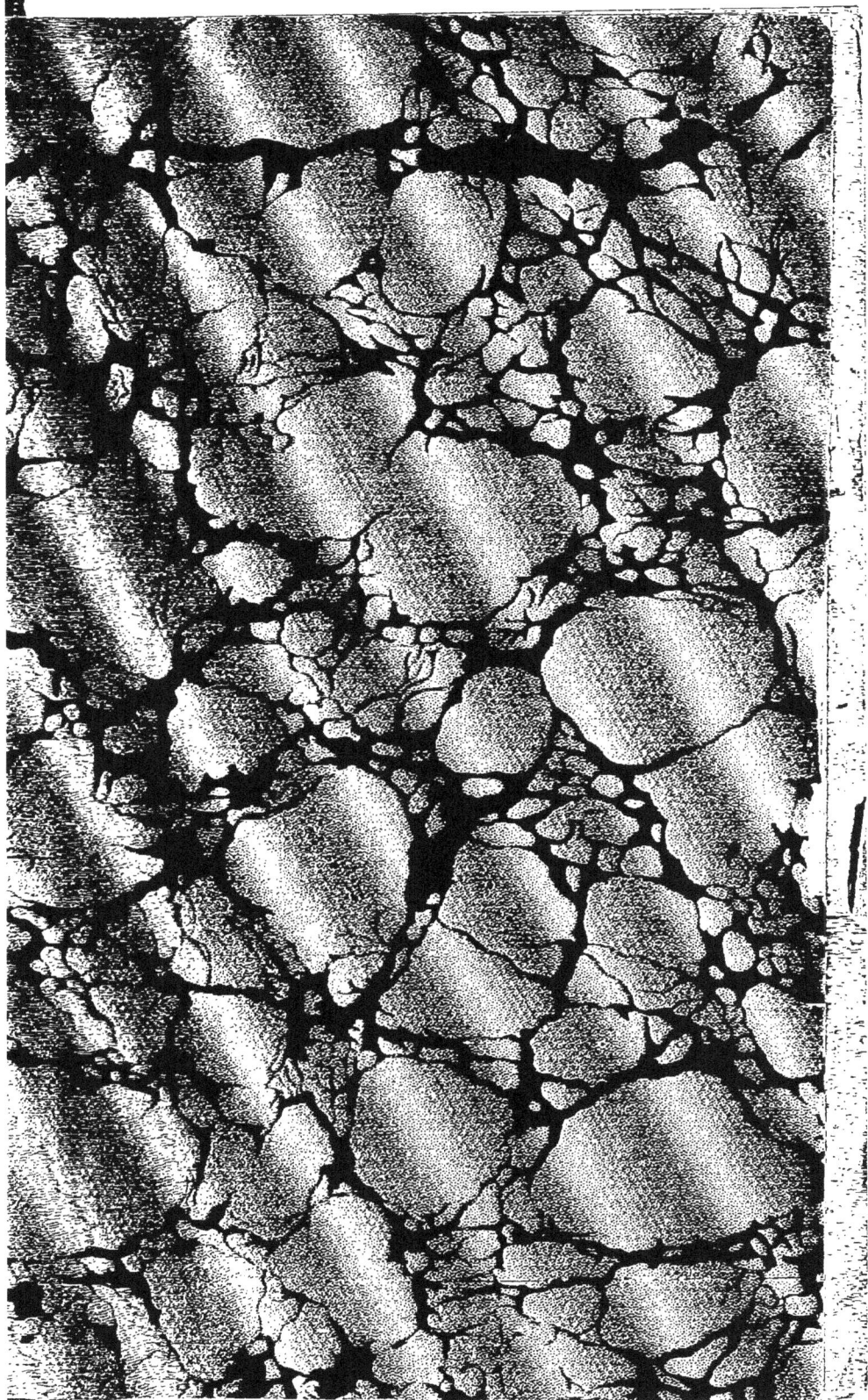

NOUVELLE ENCYCLOPÉDIE PRATIQUE
BATIMENT ET DE L'HABITATION

RÉDIGÉE PAR

René CHAMPLY, Ingénieur

avec le concours d'Architectes et d'Ingénieurs spécialistes

DIXIÈME VOLUME

Vitrerie, Marbrerie

Chauffage & Ventilation

AVEC 206 FIGURES DANS LE TEXTE

PARIS

LIBRAIRIE GÉNÉRALE SCIENTIFIQUE ET INDUSTRIELLE

H. DESFORGES

29, QUAI DES GRANDS AUGUSTINS, 29

Vitrerie - Marbrerie
Chauffage et Ventilation

NOUVELLE ENCYCLOPÉDIE PRATIQUE
DU BATIMENT ET DE L'HABITATION

RÉDIGÉE PAR

René CHAMPLY, Ingénieur

avec le concours d'Architectes et d'Ingénieurs spécialistes

DIXIÈME VOLUME

Vitrerie, Marbrerie
Chauffage & Ventilation

AVEC 206 FIGURES DANS LE TEXTE

PARIS

LIBRAIRIE GÉNÉRALE SCIENTIFIQUE ET INDUSTRIELLE

H. DESFORGES

29, QUAI DES GRANDS-AUGUSTINS, 29

CHAPITRE PREMIER

VITRERIE

Le *verre* est un silicate double de potasse et de chaux ou de soude et de chaux obtenu en chauffant à haute température des sables siliceux et de la potasse ou de la soude en proportions variables.

Le *cristal* est un silicate double de potasse et de plomb, obtenu en chauffant du carbonate de potasse avec des oxydes de plomb.

Le verre et le cristal sont *transparents, d urs, cassants, élastiques* jusqu'à un certain point, *insolubles* dans l'eau et les acides, sauf dans l'acide *fluorhydrique* qui attaque rapidement le verre, ce qui en permet le dépolissage et la *gravure*.

Les verres et cristaux se colorent en ajoutant dans la pâte en fusion, pendant la cuisson, divers oxydes métalliques ; on obtient ainsi toutes les plus vives couleurs.

Les verres à vitres sont quelquefois un peu teintés par suite de l'impureté du sable employé dans leur fabrication ; c'est ainsi que les verres du Nord sont verdâtres et ceux de Lyon un peu jaunes.

1

On fabrique le verre dans toute la France, mais surtout dans le Nord et les Ardennes.

Les verres à vitre du commerce sont :

Le *verre simple*, 1 à 2 mm. 1 /2 d'épaisseur, pesant environ 4 kilos par mètre carré.

Le *verre demi-double*, 2 à 3 millimètres d'épaisseur, pesant environ 6 kil. 1 /2 par mètre carré.

Le *verre double*, 3 à 4 millimètres d'épaisseur, pesant 8 kilos environ par mètre carré.

Voici les dimensions commerciales des verres à vitres.

Mesures courantes du Nord.

69 × 66		102 × 45	
72 × 63		108 × 42	4 mesures longues
75 × 60	5 mesures larges	114 × 39	
81 × 57		120 × 36	
87 × 54			
90 × 51		126 × 33	
96 × 48		32 × 30	

Contenance des Caisses :

Verre simple.....................	60 feuilles	
— 1/2 double	40	—
— double...................	30	—

Mesures Lilloises.

75 × 72		108 × 51	
78 × 69		114 × 48	4 mesures longues
81 × 66	5 mesures larges	120 × 45	
87 × 63		126 × 42	
93 × 60			
96 × 57		132 × 39	
102 × 54		138 × 36	

Contenance des Caisses :

Verre simple.....................	60 feuilles	
— 1/2 double	40	—
— double	30	—

Mesures courantes du Midi.

66 × 60		96 × 45	
72 × 57		102 × 42	
78 × 54	5 mesures larges	108 × 39	4 mesures longues
84 × 51		114 × 36	
90 × 48			
		120 × 33	
		26 × 30	

Contenance des Caisses :

Verre simple................... 80 feuilles
— 1/2 double .... 60 —
— double................... 50 —

Ces verres à vitres sont de deuxième, troisième ou quatrième choix, selon leurs défauts ; ils valent, en mesures du Nord :

2e choix................... 54 fr. la caisse
3e — .... 43 fr. —
4e — .... 37 fr. —

En mesures lilloises :

2e choix .... 64 fr. la caisse
3e — .... 51 fr. —
4e — .... 44 fr. —

Les *grandes mesures* spécialement faites sur commande sont facturées plus cher, ainsi que les *fausses mesures* occasionnant des chutes ou pertes de matières ; aussi le constructeur doit-il toujours calculer les châssis de façon qu'ils puissent être vitrés avec des verres aux mesures du commerce.

Les *verres cannelés* sont facturés double du prix du troisième choix.

Le dépolissage est facturé au mètre carré, 0 fr. 60 pour le verre simple, 0 fr. 55 pour le demi-double et 0 fr. 50 pour le verre double.

Les verres *extra-durs*, *coulés* et *laminés* pour vitrages, toitures et dallages sont des verres à *reliefs*, *striés*, *martelés*, *sablés*, *diamantés*, *losangés*, *imprimés*, *chenillés*, *craquelés*, etc., laissant passer la lumière tout

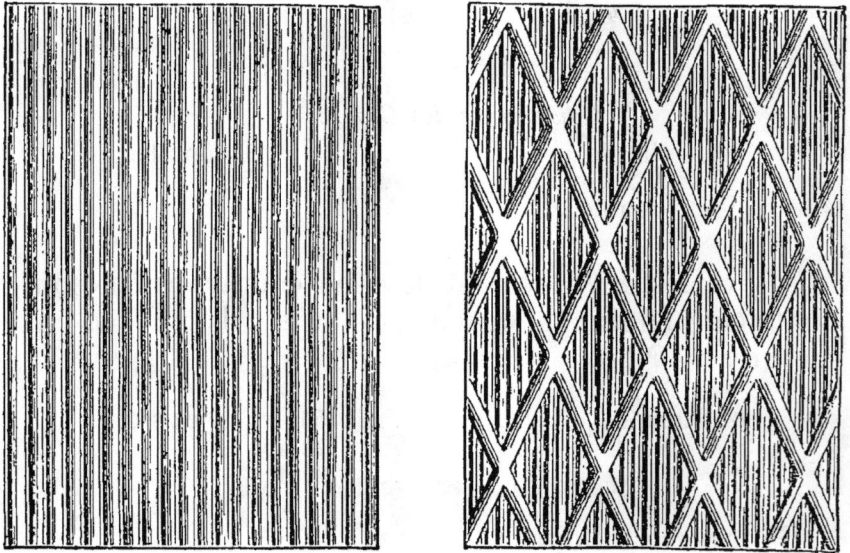

Fig. 1 et 2. — Verres strié et strié-losangé.

en interceptant la vue ; ils se font en épaisseurs variables de 4 à 14 millimètres ; on les vend au mètre carré, de 2 fr. 50 à 12 francs.

Le *verre cathédrale* est une de ces sortes de verre *martelé*. Ce verre est translucide.

Le *verre mousseline* a des dessins dépolis et des parties transparentes.

Les verres de couleur valent de 7 à 9 francs le mètre carré.

(Voir *Pavage* et *Carrelage* en verre, volume 9.)

Le *verre armé* est un verre coulé dans l'épaisseur duquel on a incorporé un réseau de fils métalliques entrelacés en forme de treillis. Ces verres armés ont une résistance beaucoup plus grande que celle du verre ordinaire ; en outre, si l'on brise un carreau, les éclats ne tombent pas, étant soutenus par l'armature métallique soudée dans la masse du verre. On peut faire ainsi des toitures très solides incassables et ne risquant pas de blesser les hommes qui travaillent en-dessous.

Ces *verres armés* se font de 4 à 12 millimètres d'épaisseur pour vitrages et de 15 à 35 millimètres d'épaisseur pour dallages ; ils valent :

de 4 à 5 mm. d'épaisseur..	6 50 à 8 » le mq.	
de 6 à 7 — — ...	7 » à 8 50	
de 10 à 12 — — ...	10 » à 13 »	
de 15 à 35 — — ...	60 fr. les 100 kil.	

Les *verres soleil*, *verres lumineux*, etc., sont des verres dont une des faces est lisse, tandis que l'autre face est striée par de petits *prismes* à section triangulaire. Il en résulte que la lumière qui frappe le vitrage sous un angle faible, se trouve réfractée et diffusée horizontalement et répartie dans tout le local à éclairer, tandis qu'avec un verre ordinaire, l'éclairage ne serait fait qu'aux abords de la fenêtre ou du vitrage. Ces verres n'augmentent pas la quantité de lumière, mais ils en font une répartition plus avantageuse, de sorte que l'effet utile se trouve augmenté.

Voici le prix des verres réfracteurs :

Verre prismatique, posé au mastic en vitrage (mesures de 3 en 3 centimètres)...............	40 fr. le mq.
Réfracteurs, compris châssis fer et pose	80 fr. —
Verres armés, en 6 à 8 millimètres d'épaisseur (mesures de 3 en 3 centimètres) fournitures et pose	20 fr. —

Glaces. — Les *glaces* sont des verres très purs coulés sur des tables en métal, parfaitement polies, unies et transparentes. La belle glace ne *miroite* pas comme le verre ordinaire, elle ne contient pas de globules.

Les glaces de 4 à 6 millimètres d'épaisseur pèsent 10 à 15 kilos le mètre carré ; celles de 6 à 8 d'épaisseur pèsent 15 à 20 kilos le mètre carré.

Les glaces minces de 2 à 3 millimètres d'épaisseur sont employées pour la vitrerie légère et les toitures ; les autres sont réservées pour les grandes surfaces, devantures, etc.

Les glaces *étamées* sont des *miroirs* composés d'une glace transparente dont une des faces est recouverte d'un étamage ou *tain* formé d'un dépôt d'argent ou d'amalgame d'étain (*étamage au mercure*). Ces glaces s'emploient pour la décoration des appartements ; voir volume VII, page 28, pour la pose des glaces étamées.

Les glaces et les verres coulés en général s'obtiennent en très grandes dimensions ; c'est ainsi qu'on voit des glaces ayant plusieurs mètres en largeur et en hauteur. Les prix des grandes glaces sont tout à fait arbitraires et augmentent beaucoup avec les très grandes dimensions, à cause de la difficulté de fabriquer d'abord et de transporter ensuite ces masses fragiles pesant plusieurs centaines de kilos.

Verre dépoli. — Ce verre a l'avantage, tout en laissant passer les rayons lumineux, d'éviter les rayons visuels ; il est plus propre que le verre transparent.

Le frottement au sable, au grès ou à l'émeri enlève la transparence et le poli du verre ordinaire.

On dépolit aussi le verre en l'attaquant par l'acide fluorhydrique, ce qui permet, en rongeant plus ou

moins profondément et par couches successives, d'obte-
·nir plusieurs tons de verre dépoli ; en variant le temps
et la force de l'acide, au moyen de dissolutions à diverses
doses, et en faisant des réserves avec un vernis gras,
on peut faire sur le verre toutes sortes de dessins à plusieurs tons.

En passant sur le verre une couche de céruse à
l'huile et en tamponnant avec un tampon de mousseline rempli d'ouate, on obtient un verre dépoli, mais
peu solide et qui devient malpropre. Le même effet
s'obtient avec du blanc d'Espagne ou de Meudon mêlé
d'huile de lin et d'un peu de siccatif.

Pose des vitrages. — Les carreaux de verre se posent
à l'extérieur des fenêtres et portes, dans de petites
feuillures pratiquées dans les pièces de bois verticales
et horizontales et autant que possible vers l'extérieur
(fig. 3).

Pour les portes ou croisées en bois, on coupe le verre
juste, on le cale si c'est nécessaire et on l'arrête sur place
au moyen de petites pointes qu'on rabat de façon à les
perdre dans le masticage. Ce masticage consolide le
verre, calfeutre le joint entre le verre et la menuiserie,
empêche l'air ou l'eau de passer.

Dans le cas de parties ouvrantes en fer, le verre doit
être coupé presque juste ; le verre, dans ce cas, doit être
assez épais pour former panneau et empêcher la défor-
mation de la fenêtre.

Pour la vitrerie sur châssis métallique, on n'emploie
pas de clous, mais de petites goupilles passant dans des
trous de 2 millimètres percés dans les petits bois en fer
et qui se perdent dans le mastic (fig. 4).

On pose le mastic en biseau ; il ne doit pas dépasser,
sur les côtés du triangle, les dimensions de la feuillure.
Ce mastiquage se fait uni, mais on peut le rendre plus

élégant à l'aide d'un outil mouluré reproduisant sur le mastic un profil de fer à moulure. On peut ne pas profiler les extrémités, afin d'éviter la façon du rac-

Fig. 3.   Fig. 5.

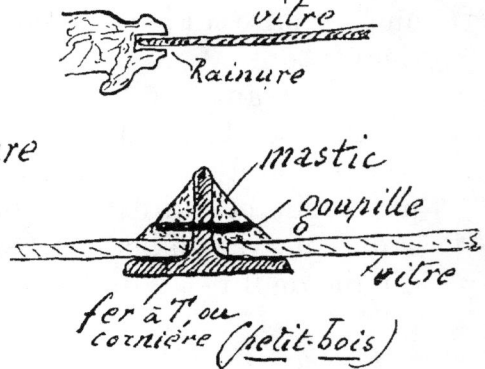

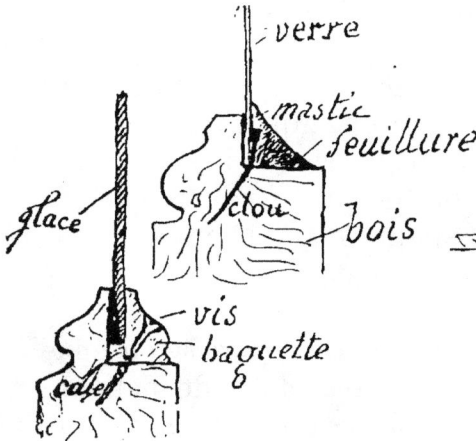

Fig. 6.   Fig. 3 à 6.   Fig. 4.

cord d'angle, et procéder comme pour les chanfreins arrêtés.

La figure 5 montre une manière de poser les verres à vitre, qui est employée en Espagne. Les petits bois de la porte ont une rainure dans laquelle s'introduit la vitre. Quand il faut changer une vitre, on est obligé de démonter la traverse d'en haut de la porte ou de la fenêtre, pour pouvoir insérer la vitre dans ses rainures.

La figure 6 montre la manière de poser les glaces lourdes et épaisses avec une baguette en bois ou en fer rapportée avec des vis en avant de la glace.

Pose des verres à reliefs. — La face du verre à relief de 4 à 6 millimètres d'épaisseur se place généralement du côté d'où vient la lumière.

Ces verres se posent en feuillures, avec masticage, comme le verre à vitres.

Pour les châssis verticaux les feuillures ont de 13 à 15 millimètres de profondeur.

Pour les châssis inclinés, les feuillures ont de 25 à 30 millimètres et les feuilles de verre sont chevauchées avec recouvrement de 5 centimètres.

Pose des glaces de 10 à 13 millimètres d'épaisseur. — Leur pose exige quelques soins pour mettre les glaces à l'abri des effets de tassement et du coincement. Il est indispensable de laisser un jeu de 15 à 20 millimètres entre la rive supérieure des glaces et les tableaux ou voussures des baies.

Si les glaces doivent être posées dans une feuillure en maçonnerie, on cloue dans le fond de la feuillure une tringle en bois de 10 millimètres d'épaisseur et de 15 millimètres de largeur. On fait reposer la glace, à la partie inférieure, sur deux cales en bois de 10 à 15 millimètres, placées à quelques centimètres des angles, et en ménageant tout autour de la glace un jeu d'au moins 5 millimètres avec la maçonnerie.

On maintient la glace avec un couvre-joint en bois de 25 à 30 millimètres de largeur, fixé par des pattes scellées dans la maçonnerie. Le joint inférieur et les joints montants peuvent être faits avec du ciment à prise lente ; mais la partie supérieure doit rester libre.

Toitures vitrées. — Nous avons déjà parlé de cette question dans le volume 6, pages 102 et suivantes. L'inconvénient de l'emploi du mastic dans la pose des toitures vitrées provient de la dessiccation et du fendillement du mastic sous l'influence du soleil et de la dilatation des fers des toitures. Pour poser les verres des toitures sans *mastic*, on emploie divers dispositifs de *tringles* ou *crochets* en plomb ou en zinc, analogues

à ceux employés pour la pose des ardoises mais beaucoup plus larges, comme le montre la figure 7. Au

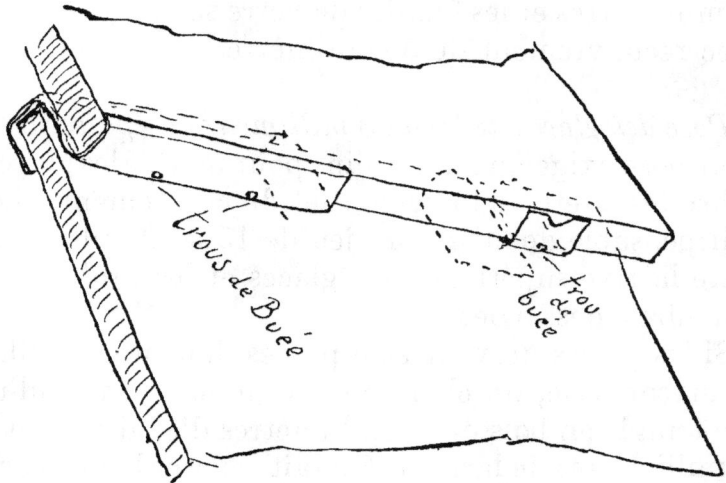

Fig. 7.

milieu de ces crochets ou tringles on perce un ou plusieurs *trous de buée* destinés à permettre l'écoulement
au dehors des eaux de condensation qui se forment
en-dessous des vitrages.

Les figures 8, 9 et 10 montrent un système de
pose préconisé par M. Nozal à Paris, comprenant des
verres à *cannelures remontantes* et des fers à double T
recueillant les eaux de condensation. L'étanchéité est
assurée par une chape en zinc formant *couvre-joint*
(voir page 105, volume VI).

Un autre procédé consiste à placer une gouttière en
zinc suspendue par des crochets au-dessous de chaque
fer à vitrage. Ceci est peu élégant.

Enfin, la figure 11 montre une manière d'établir
une toiture vitrée à *ressauts* permettant une aération
entre chaque feuille de verre et l'écoulement des eaux
de condensation d'une feuille sur la suivante. Dans

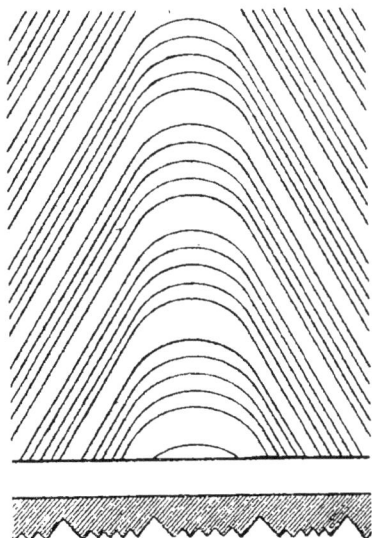

Verre à cannelures remontantes en arc empêchant l'eau des fuites possibles de s'étendre à la sousface du verre et canalisant les dites eaux et celles pouvant provenir de la condensation, dans les gorges du fer.

Fig. 8.

Fer à gorges destiné à recevoir les eaux pouvant provenir d'une fuite possible et principalement les eaux produites par la condensation.

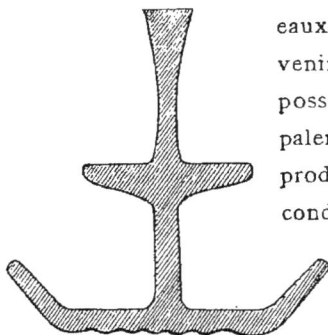

« Vitrage rationnel »
monté avec chappe en zinc

Profil exact du fer
pesant 4 k. 200 environ

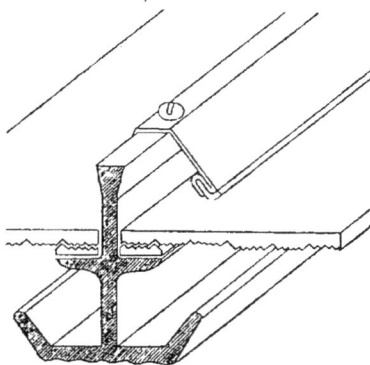

Fig. 9 et 10.

cette toiture, la longueur des fers à vitrage étant assez faible (2 à 3 mètres), la dilatation a peu d'influence nuisible sur le mastic.

Fig. 11.

Vitraux. — Les *vitraux sous plomb* sont composés de petits morceaux de verres, de couleurs différentes, sertis dans des baguettes de plomb en forme de double T, et assortis de façon à former des dessins variés et réguliers (fig. 12 et 13). Quelquefois on fait les vitraux avec des verres peints et cuits après peinture, formant de vastes dessins, tableaux translucides de grande valeur (vitraux d'églises, monuments publics, jardins d'hiver, etc.). Les vitraux d'appartement se montent généralement sur un châssis en bois ou en fer formant *double fenêtre* derrière une vitre en verre ordinaire ; ce châssis est monté à charnière sur le vantail de la fenêtre ou de la porte.

Afin de maintenir le vitrail sur son châssis, de fortes *barlottières*, formées de fers méplats faisant traverses en *ab* et *cd* (fig. 12 et 13), — c'est-à-dire au nombre de trois par panneau — et fixées aux battants, maintiennent des tringlettes en petit fer rond ; et c'est à

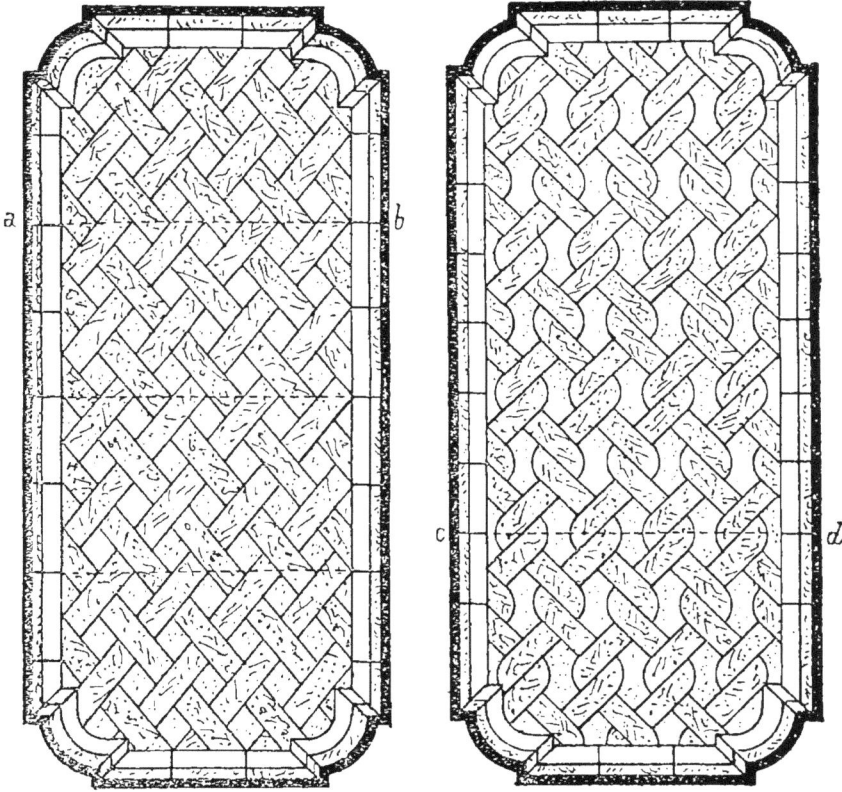

Fig. 12 et 13.

ces tringlettes que s'accroche, par des liens en plomb, le vitrail en question. Les plombs de vitrage comportent une section assez forte et des ailes, formant rainure, assez développées pour qu'on puisse, en cas de réparations, retrousser lesdites ailes qui retiennent une pièce de verre enchâssée, enlever ladite pièce et la remplacer en rabattant après cela les ailes retroussées.

Un mastic gras, composé ordinairement de résidu d'essence de térébenthine, après évaporation, sert à calfeutrer, sans les fixer, les verres dans les rainures des plombs.

Les *faux vitraux* sont des papiers peints translucides, imitant les dessins des vitraux en verre coloré. On les colle avec de la dextrine ou de la gélatine sur les vitres ordinaires (Vitrauphanie).

Voici les précautions à prendre pour cette pose :

Bien nettoyer les vitres, faire dissoudre une feuille de gélatine dans un demi-litre d'eau tiède ; couper le papier vitrail exactement de la grandeur voulue. Mouiller avec une éponge du côté imprimé et l'appliquer sur le carreau. Ensuite, chasser l'eau et les bulles d'air à l'aide d'un caoutchouc ou d'un morceau de carton en le passant avec pression sur la surface du vitrail, de haut en bas et de gauche à droite, jusqu'à adhérence parfaite.

Pour rendre les papiers vitraux inaltérables à la buée, passer une couche de vernis, lorsque la pose est terminée, et qu'ils sont complètement secs.

Les papiers pour faux vitraux sont imprimés à 1, 2, 3, 4, 5 ou 6 couleurs ; leur prix varie de 2 à 10 francs le rouleau de 8 mètres sur 0 m. 48.

CHAPITRE II

MARBRERIE

Le *marbre* est un calcaire dur à grain fin et compact, des colorations les plus diverses, et susceptible de recevoir un poli parfait.

L'*albâtre* est un marbre translucide, généralement blanc ou jaunâtre et veiné de jaune, blanc et quelquefois de gris.

Le marbre de bonne qualité se taille et se polit facilement malgré sa dureté.

Le *marbre fier* est trop dur et éclate sous l'outil du sculpteur.

Le *marbre filandreux* présente des fissures nuisibles au polissage et rendant la casse facile.

Le *marbre terrasseux* a des pailles ou fentes terreuses qu'il faut remplir de mastic.

Le *marbre Pouf* s'égrène sous l'outil et ne peut pas être sculpté très finement.

Le *marbre dans sa passe* est celui qui est débité parallèlement aux lits de carrière.

Le *marbre en contre-passe* est débité perpendiculairement ou en travers de ces lits.

Les marbres sont livrés en blocs bruts, piqués ou ébauchés pour faire les travaux de luxe du bâtiment : colonnes, entablements, escaliers, etc.

Les marbres en *tranches* sciées de 1 à 6 centimètres d'épaisseur servent à faire des revêtements, carrelages, marches, cheminées, etc.

Le marbre se travaille comme toutes les pierres dures, à la scie, sous la poudre de grès, au burin et à la gradine ; puis on le *polit* avec des *rabots* en acier ou en faïence, avec du grès pilé ou l'émeri ; ensuite on l'adoucit et on le *lustre* à la pierre ponce, au rouge d'Angleterre, à la potée d'étain et enfin au chiffon sec. On travaille aussi le marbre avec des machines spéciales.

Le rebouchage des fissures, trous, *fils* ou *terrasses*, se fait avec du mastic blanc ou coloré au ton du marbre. Voici quelques formules pour ces mastics :

1° Cire blanche.................. 10 parties
    Résine...................... 10 —
    Poix blanche .... 10 —
    Soufre .... 2 —
    Plâtre fin................. 2 —
           (Employer à chaud).

2° Ciment de tuileaux pulvérisé.... 500 parties
    Huile de lin................. 250 —
    Céruse .... 100 —
    Litharge .... 50 —
    Siccatif .... 100 —

3° Chaux grasse éteinte et blanc d'œuf pour délayer.

4° Cire blanche.
    Gomme laque.
        en parties égales et fondues.

Ces mastics se colorent avec des couleurs en poudre fine.

On nettoie le marbre avec des dissolutions de soude

caustique ou de tartrate de potasse ou encore d'hypo-chlorite de chaux, à raison de 50 grammes par litre d'eau, en applications prolongées sur le marbre à nettoyer ; on polit, après essuyage et séchage, avec la pierre ponce, le tripoli fin et le blanc de Meudon.

Les revêtements en marbre se posent au plâtre ou à bain de ciment ; on consolide les plaques de marbre avec des pattes ou crampons en fer ou en cuivre.

Les prix des marbres en blocs varient de 150 à 2.000 francs le mètre cube selon la beauté du marbre et les prix des revêtements de 15 à 50 francs le mètre carré et même davantage pour les marbres de grande beauté. Ces prix sont encore augmentés, sans limites fixes, par la sculpture, les moulures, etc., qu'ils reçoivent.

On imite le marbre avec le *stuc*, dont nous avons parlé précédemment (voir volume 9).

Dans la nomenclature ci-après des marbres les plus employés en France, on désigne sous le nom de *luma-chelle* un marbre formé de coquillages et de madré-pores enserrés dans l'agglomérat calcaire ; sous le nom de *brèche* un marbre composé de fragments de calcaire de diverses couleurs et formes agglutinés par un ciment calcaire formant le fond du marbre.

Les *brocatelles*, *poudingues* et *cervelas* sont des *brèches*.

Les *cipolins*, *sarrancolins*, *campans* sont des *marbres composés* dans lesquels des roches étrangères sont incorporées dans le calcaire ; ces roches sont générale-ment le *mica*, la *serpentine*, de diverses couleurs.

CLASSIFICATION DES MARBRES

Marbres blancs et fonds blancs,

Statuaire (Haute-Garonne, Loire, Hautes et Basses-Pyrénées).

Carrare (Italie).

Luni (Italie).

Saint-Béat (Pyrénées).

Sost (Pyrénées).

Constantine (Algérie).

Saint-Vincent (Basses-Alpes), blanc, rose et jaune avec taches grises.

Claret (Basses-Alpes), blanc-gris.

Lauzanier (Basses-Alpes), blanc-brun, jaspé de jaune et vert.

Cipolin de Saint-Maurice (Hautes-Alpes), blanc cristallin, jaspé vert et rose.

Saint-Maurice Cipolin (Hautes-Alpes et Corse), blanc avec grandes veines vertes.

Egliers (Hautes-Alpes), blanc, rose et jaune.

Guillestre (Hautes-Alpes), blanc, gris et jaune.

Narbonne (Aude), blanc et gris bleuté.

Soulane (Corrèze), blanc veiné de gris.

Saint-Fond (Hérault), blanc avec taches grises.

Chalences (Isère), blanc et rose.

Langeat (Haute-Loire), blanc jaspé de rouge.

Balseige (Lozère), blanc veiné de rouge.

Chipol (Meuse, Vosges), blanc saccharoïde.

Carol (Pyrénées-Orientales), blanc saccharoïde.

Saint-Sauveur (Pyrénées-Orientales), blanc saccharoïde.

Marbres noirs et à fond noir.

Noir antique, drap mortuaire, noir homogène.

Petit granit de Glageon (Nord), fond noir et parties grises.

Glaçonnière (Deux-Sèvres), fond noir et parties grises.

Sainte-Anne (Flandre), noir et veines blanches.

Petit antique ou Brèche de Sauveterre (Basses-Pyrénées) noir et taches blanches.

Portor (Aude, Isère et Var), jaune d'or sur fond noir.

Sanstête (Allier), noir tacheté de blanc.

Farcan, Monumental (Hautes-Alpes), noir homogène.

Saint-Firmin (Hautes-Alpes), noir taché de gris et blanc.

Lumachelle de Narbonne (Aude), coquillier noir avec bélemnites blanches.

Noir de Caen (Calvados).

Noir de Toulouse (Haute-Garonne).

Noir d'Angers et de Laval.

Saint-Hugon, Seissin, Augray (Isère), noirs et noirs veinés ou à coquilles blanches.

Noir jurassique, très pur, noir.

Noir de Lorraine, très pur, noir.

Montricoux (Lot, Tarn-et-Garonne), noir taché rouge.

Taveau (Nièvre), noir et bleu ardoise.

Saint-Fortunat (Rhône), noir.

Noir de Tramayes (Saône-et-Loire) et de *Castres* (Tarn).

Noir veiné et tigré de Sablé et de Juigné (Sarthe).

Marbres rouges.

Griotte, fond rouge-brun avec taches plus claires ou taches blanches rondes.

Sarancolin (Pyrénées), rouge foncé avec taches grises et jaunes, en partie transparentes.

Incarnat, rouge moyen avec parties plus claires (Aude et Haute-Garonne).

Bagny (Ain), rouge avec taches jaunes et blanches.

Rouge foncé de Givet, Charlemont, Cerfontaine.

Marbre rouge royal, rouges, veinés de gris, de bleu ou de blanc (Ardennes).

Cervelas rouge, faux Cervelas (Nièvre), *Grand Rouge, Cervelas de Villefranche* (Pyrénées-Orientales) avec taches blanches et grises.

Belestat (Ariège) ; *Sirod* (Jura), rouges avec taches blanches ou grises.

Languedoc, rouges avec taches blanches ou grises.

Griotte de Cannes ou d'Italie, brun foncé avec taches rouge cerise (Aude, Haute-Garonne, Lot).

Campan-Isabelle (Aude), rouge vif foncé avec taches orangées et blanches.

Brèches de Memphis, Rouge, Grand-Brun (Bouches-du-Rhône).

Rouges de Caen, de Laval, de Lorraine, du Var.

L'Emeutier (Corrèze), translucide et argenté.

Brèche de Saint-Romain, rouge-brique foncé.

Le Fixin et le *Dauphin* (Côte-d'Or), avec taches blanches et violettes.

Sampan (Doubs), rouge pâle avec taches plus foncées et blanches.

Sanguin, rouge et blanc.

Cette (Hérault).

Le Cornac et *le Trespoux*, avec veines blanches et gris-vert.

L'Universel, le *Floirac* (Lot), taches grises, blanches ou jaunes.

Peyrère (Lozère), rouge, jaspé de blanc.

Rouge Français, avec taches noires et rouges, veiné de blanc.

Solestré, *Chalon*, *Tournus* (Saône-et-Loire).

Juigné rouge, *Sablé d'Entroques*, *Madréporique* (Sarthe).

Marbres gris.

Les *marbres ruiniformes*, dans lesquels on voit des figures bizarres ou anguleuses, brunes ou jaunâtres, simulant des ruines.

Gris rosé, blanc-gris et rosé (Ain). *Gravelle* (Ain).

Lumachelle bleue, grise et rose (Ain).

Izernove gris (Ain), cendré-bleuâtre.

Fontanelle (Aisne), *Langres*, *Chaumont* (Haute-Marne).

Brocatelle de Moulins (Allier), gris-brun avec taches jaune d'or.

Joligny (Allier), gris-bleu veiné de rouge.

Chatelpéron (Allier), gris jaspé de bleu.

Malplaquet (Ariège), gris-bleu avec taches noires, blanches et roses, qui sont quelquefois translucides.

Gris turquin, *Brèche lazuli*, *Grand et Petit Deuil*, de l'Ariège, Aude et Haute-Garonne.

Suzon et gris bariolé (Côte-d'Or).

Cierp (Haute-Garonne), gris-blanc.

Peissonnier, *Peschagnard*, *Sassenage*, gris, jaune et blanc.

Saint-Quentin (Aisne), gris-bleu ardoise.

Grande-Chartreuse (Isère), gris-blanc rosé, brun et noir.

Couzance (Jura), avec taches rouges et rayures.

Léardes (Loire-Inférieure), gris veiné de blanc.

Montels (Lot), gris, taches vertes.

Fleur de pêcher, *Violet*, *Angers* (Maine-et-Loire).

Argentré et Saint-Berthevin (Mayenne).

Elinguehen, Beauliers, Stinckol, Le Bourdon (Pas-de Calais), jaspés blanc et rouge.

Lumachelle des Argonnes (Meuse), gris, jaune et rouge.

Lérouville avec taches jaunes.

Lumachelle d'Hécourt (Oise), avec coquillages noirs.

Saint-Urcisse et *Montmirail* (Tarn).

Marbres verts.

Vert d'Egypte (Gênes, Italie).

Vert Campan (Pyrénées).

Vert de Mer.

Vert de Signan.

Vert de Moulins (Allier).

Vert de Figeac (Aude), avec taches rouges.

Puech de Vold (Aveyron), et *Serpentine verte.*

L'Olive Sanguin (Côte-d'Or), vert avec points rouges.

Balvacaire (Haute-Garonne), taches rouges et points blancs.

Croset (Jura), olive-bronzé, nuancé de rouge.

Le *Rosé-vert* (Haute-Loire), jaspé jaune et violet.

Veyrette ou vert d'Antin (Hautes-Pyrénées), avec veines rouges.

Marbres bleus.

Bleu turquin (Gênes, Italie).
Lumachelles de Bourgogne et *Charançay* (Côte-d'Or).
Gris-bleu du Nivernais.
Bleu doré (Côte-d'Or), avec veines jaune d'or.
Bleu d'Arbois et de Salins (Jura), jaspé gris et blanc.
Corbigny (Nièvre), bleu-gris veiné.

Marbres jaunes.

De Sienne (Italie), *Erbalonga* (Corse), *Philippe-*
ville (Algérie).
Brèche des Pyrénées.
Nankin, jaune, blanc et rose.
Saint-Rémi, jaune clair jaspé violet.
Brocatelle de Sainte-Beaume.
Brèche d'Alet ou Alep (Bouches-du-Rhône), avec
taches grises, brunes, noires et rouges.
Saint-Jean (Bouches-du-Rhône), taches grises et
rouges.
Saint-Simon (Lot), jaune, gris et rouge.
L'Arc jaune orangé, le Peau de cerf, le *Montbard*
(Côte-d'Or), jaune, taches blanches et rouges.
Roquepartide (Gard), jaune et gris.
L'Isabelle (Haute-Garonne, Var).
Rennes (Ille-et-Vilaine).
La Fougère (Hérault), jaune et violet.
Le Gramat (Lot).
Le Saint-Julien (Lozère), jaspé de blanc et vert.
Beauregard (Meurthe), jaspé rouge-blanc et nacré.
Lumachelle de Sénautes (Oise), à coquilles grises.
Pomier, Saint-Cyr et Lanzon (Rhône).

CHAPITRE III

MARBRERIE DES CHEMINÉES D'APPARTEMENT

Les cheminées en marbre ou en imitation de marbre se composent :

1º De l'*âtre*, partie briquetée ou carrelée de forme rectangulaire ou trapézoïdale où se fait le feu ;

2º Du *contre-cœur*, formé du fond du foyer que l'on garnit quelquefois d'une plaque fonte unie ou ornée de bas- reliefs, et des côtés du foyer en briques réfractaires.

3º Du *foyer* qui est le devant de la cheminée ;

4º Le *rétrécissement* constitué par trois plaques de fonte, de faience ou simplement de colombages en plâtre encadrant le foyer ;

5º Le *manteau* et le *chambranle* formés du cadre en marbre, comprenant les *jambages*, la *traverse* horizontale et la *tablette* du dessus de la cheminée.

Les divers éléments du chambranle et du manteau de cheminée sont réunis par une maçonnerie intérieure de plâtre et de morceaux de briques que l'on *arme* quelquefois avec des *fentons* ou *côtes de vaches* en fer. Le scellement des marbres se fait avec du plâtre mêlé de mortier au sable.

6° La plaque de marbre, *avance* ou *foyer* que l'on encastre dans le parquet en avant de la cheminée.

Les espaces vides entre le contre-cœur et le manteau sont quelquefois utilisés pour faire une circulation d'air

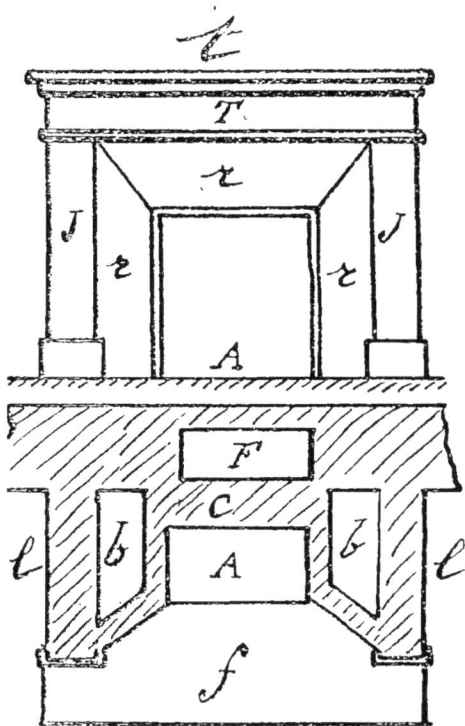

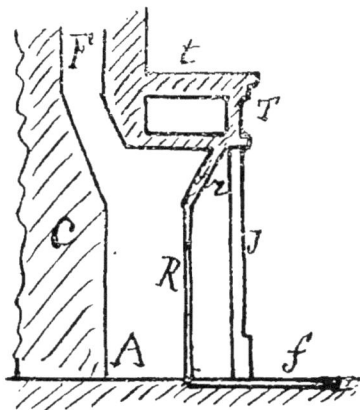

Fig. 14.

A — âtre
bb — bouche de chaleur
C — contre-cœur
f — foyer
F — conduit de fumée
R — rideau
JJ — jambages
T — traverse
t — tablette
rrr — rétrécissement

chaud qui sort par deux *bouches de chaleur* placées de chaque côté de la cheminée.

Ces côtés de cheminée se font le plus souvent en maçonnerie enduite de plâtre peint à la couleur des murs ; dans les cheminées de luxe, on les recouvre de plaques de marbre.

La figure 14 montre en coupes et plan les détails de construction d'une cheminée.

Les cheminées sont construites sur des *enchevêtrures* ou *trémies* garnies de maçonneries incombustibles armées de barres de fer horizontales, réservées dans les planchers (Voir volume 4 page 56). L'ensemble des barres de fer soutenant cette maçonnerie se nomme *paillasse*.

La sortie de fumée de la cheminée est raccordée au *conduit de fumée* construit dans le mur du bâtiment,

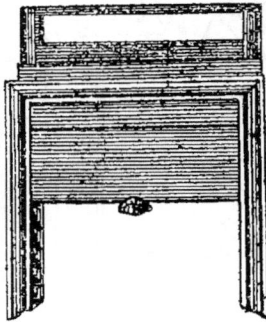 

Fig. 15.   Fig. 16.

comme nous le verrons plus loin. Ces conduits de fumée sont soit dans l'épaisseur du mur, soit *adossés* contre le mur.

Nous aurons aussi à revenir sur le rendement calorifique des cheminées et sur leur ventilation ainsi que sur les appareils de chauffage pour cheminées.

Le devant de l'âtre est fermé par un *rideau* en tôle à 2 ou 3 feuilles se relevant verticalement au moyen de contrepoids placés derrière les montants en fer ou sur le côté du rideau, comme le montrent les figures 15 et 16.

Style des cheminées. — La cheminée *capucine* n'a aucun ornement, elle se compose seulement de plaques de marbre et de petites moulures ; les cheminées à *modillons* et à *consoles* ont leur traverse soutenue par deux motifs sculptés ; nos gravures montrent ces mo-

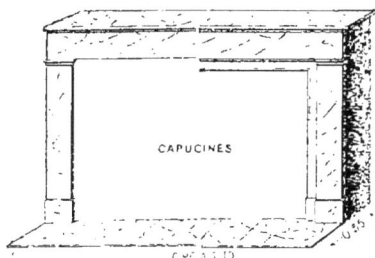

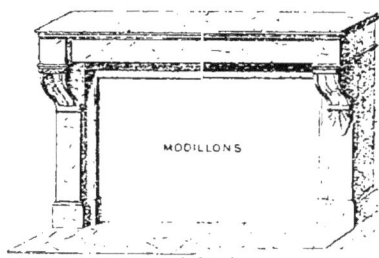

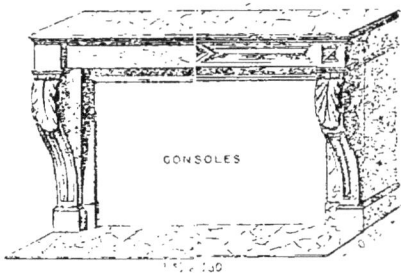

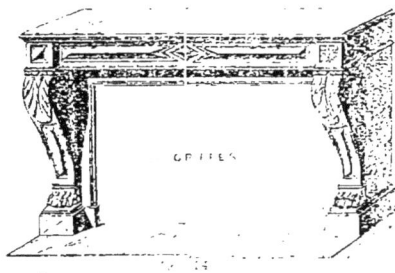

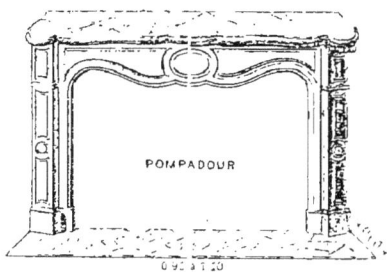

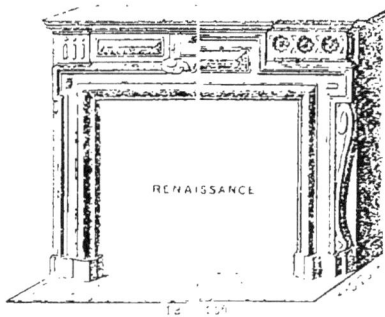

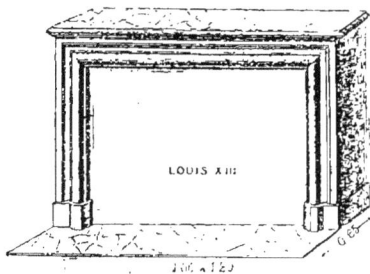

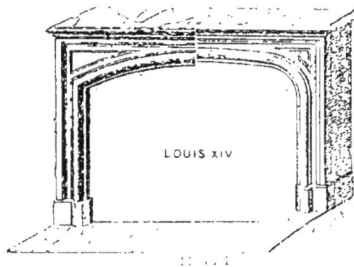

Fig. 17 à 24.

dèles ainsi que ceux à *griffes*, Louis XIII, Louis XIV, Louis XV, Louis XVI, Pompadour, etc.

LOUIS XIII
avec chauffe Assiettes

LOUIS XIII
avec acrotère

LOU S.XV

LOUIS XV SIMPLE

LOUIS XVI

LOUIS XVI

Fig. 25 à 30.

Les foyers dits *à compartiments* sont formés de plusieurs plaques de marbre de diverses couleurs.

On fait des cheminées en *grès*, en *faïence*, en *bois sculpté*, etc., nos gravures en montrent des spécimens (fig. 31 à 33).

Le prix des cheminées en marbre ou autres matières est très variable suivant le luxe de ces petits monu-

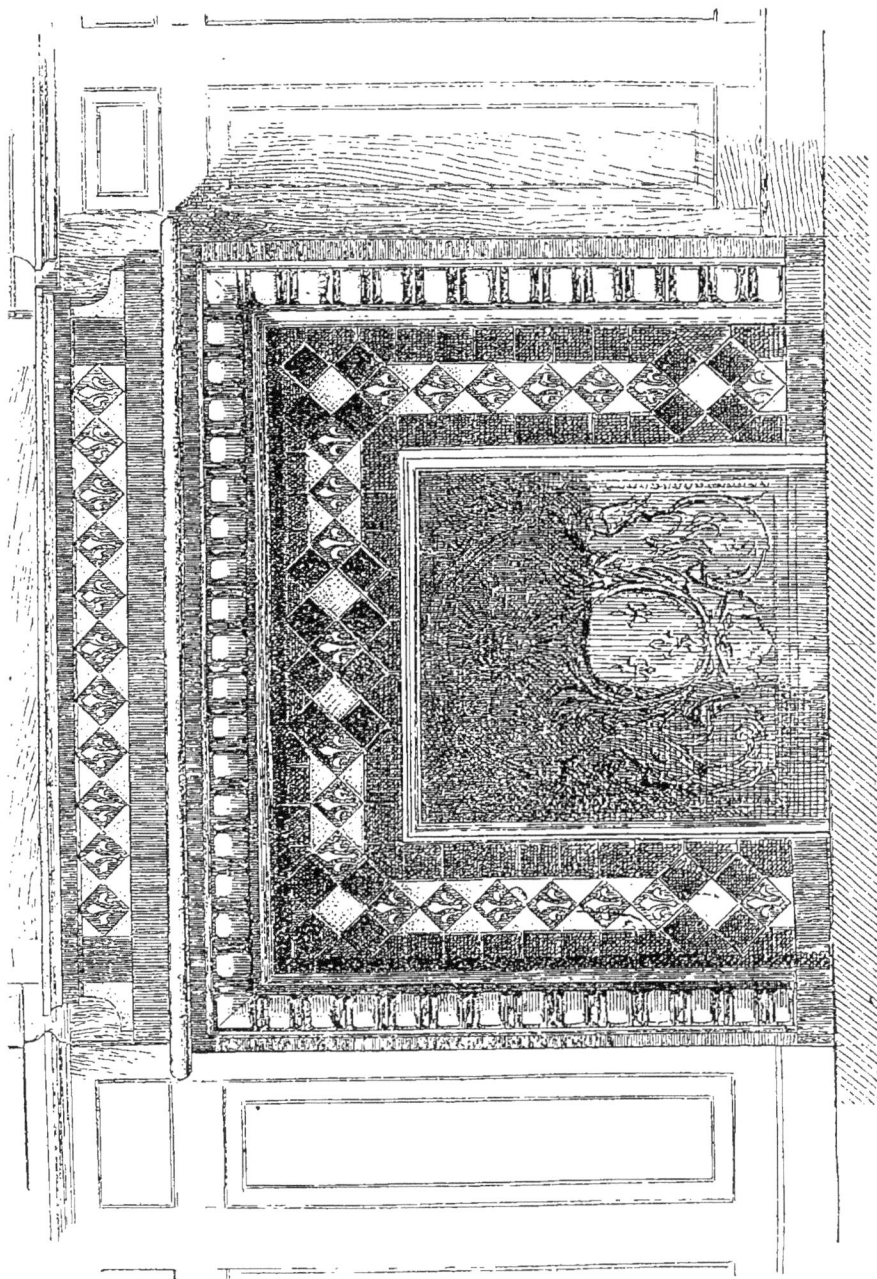

Fig. 31. — Cheminée en grès céramique et carreaux de faïence émaillée.

ments. La marbrerie des *capucines* les plus ordinaires vaut 12 francs, le rideau et les faïences du rétrécissement valent 25 francs. La plaque de foyer vaut

Cheminées d'intérieur en grès flammé ou émaillé

Fig. 32 et 33.

25 francs le mètre carré. Au-dessus de ces prix, il y en a pour tous les goûts et pour toutes les fortunes, jusqu'à plusieurs milliers de francs.

Dimensions des cheminées, suivant les pièces.

	Petites pièces 4ᵐ × 4ᵐ	Pièces moyenᵉˢ 5ᵐ × 5ᵐ	Gr. pièces 6ᵐ × 6ᵐ
Larg. dans œuvre..	0,81 à 0,97	1,14 à 1,30	1,62 à 1,95
Hauteur de la tabl.	0,89 à 0,97	0,97 à 1,03	1,14 à 1,30
Largeur de la tabl...	0,27 à 0,32	0,35 à 0,38	0,40 à 0,43

L'âtre a une profondeur variable de 25 à 40 centimètres ; les châssis à rideau ont depuis 45 × 50 centimètres jusqu'à 70 × 80 centimètres.

CHAPITRE IV

TUYAUX DES CHEMINÉES

Les tuyaux des cheminées d'appartement ou *conduites de fumées*, se font dans l'épaisseur du mur ou adossés au mur intérieurement ou extérieurement à ce mur.

Autrefois on faisait ces conduites de fumée en forme de coffre au moyen de *pigeonnages* ou *colombages* en plâtre au panier (voir volume II, *légers ouvrages de maçonnerie*), comme le montre la figure 34 où l'on voit en 1 le coffre de conduites de fumée à trois tuyaux (plus ou moins selon la nécessité) adossés au mur et en 2 les tuyaux dans l'épaisseur du mur.

Dans ces pigeonnages les murettes en plâtre se nomment *languettes* : *a, a* sont les *languettes de face* ; *c, c* les *languettes costières* ; *l, l* les *languettes de refend* qui n'existent pas quand il n'y a qu'un seul foyer à desservir.

Ces conduites de fumée en pigeonnage sont peu solides, elles se crevassent et s'effritent sous l'action de la chaleur, ce qui donne des communications entre les conduites voisines au détriment du tirage ; il se produit même des fissures dans les languettes de face, ce qui donne lieu à des émanations de fumée et de gaz asphyxiants dans les appartements.

Un système meilleur est de faire les conduites de

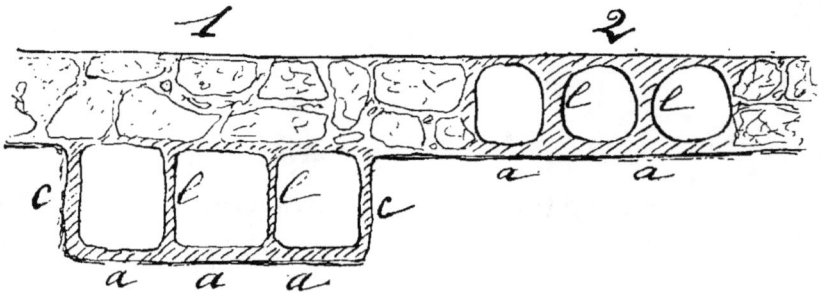

Fig. 34.

fumée en briques sur plat (0 m. 11) plus l'enduit de 2 centimètres. Ces conduites sont tolérées dans les murs mitoyens de 0 m. 45 à 0 m. 50 d'épaisseur, malgré que les règlements les interdisent ; il en est de même des conduites en poteries que nous verrons plus loin. Comme l'emploi des conduites en briques contraint de faire des parements de faible épaisseur, il est bon de les armer au moyen de chaînages en petits fers qui se relient de chaque côté aux parties épaisses du mur.

La figure 35 montre l'emploi des briques costières Lacôte qui relient les deux parements du mur et empêchent tout passage de fumée d'un conduit dans le conduit voisin.

Les quatre modèles de briques circulaires Gourlier représentés par la figure 36, permettent de construire en deux assises superposées à joints croisés très solides des conduits de cheminée d'une hauteur quelconque. Ces quatre modèles sont appelés *plat à barbe, équerre, chapeau du commissaire* et *violon*, selon leurs formes ;

les figures 37 et 38 en montrent l'arrangement pour deux assises superposées à joints croisés. On les fait en

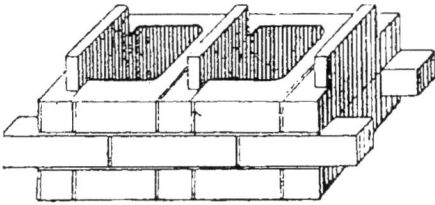

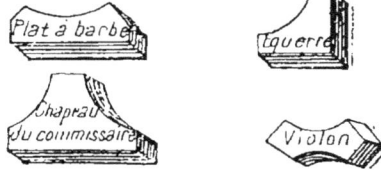

· Fig. 35.   Fig. 36.

plusieurs dimensions suivant le diamètre à donner au tuyau de fumée; leur épaisseur est de 0, 065 à 0,075 et la paroi la plus mince a 6 centimètres, ce qui avec

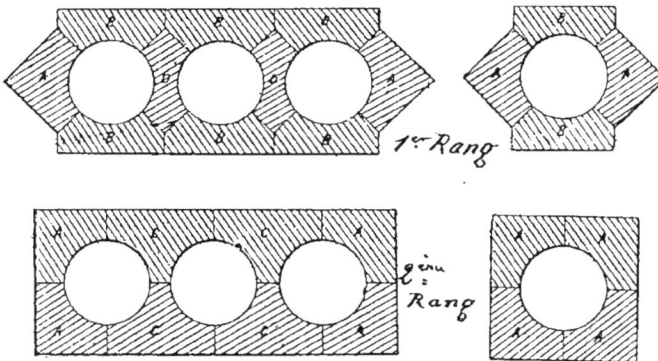

Fig. 37 et 38.

2 centimètres d'enduit donne l'épaisseur de 8 centimètres exigée par les règlements. Ces briques valent de 10 à 12 francs le mètre courant, posées et enduites.

On fait aussi des tuyaux de cheminées avec des tubes en tôle ou en fonte noyés dans la maçonnerie ou bien accrochés à l'extérieur du mur par des colliers ou corbeaux en fer scellés dans le mur.

Mais, dans les immeubles modernes, les conduites de fumée sont généralement faites, dans l'épaisseur des

3

Boisseaux rectangulaires

Nᵒˢ 1 à 8   Nᵒ 10   Nᵒ 11   Nᵒ 11 *bis*

 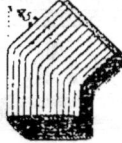 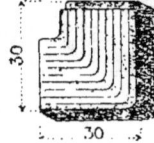 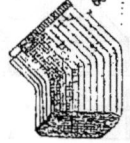

Boisseau triangulaire   Boisseaux ronds

Nᵒ 9   Nᵒˢ 20 à 23   Nᵒ 24   Nᵒ 25

 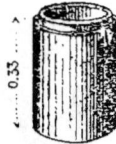 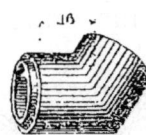 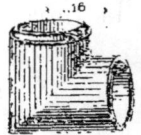

Boisseaux mitres

Nᵒ 13   Nᵒ 17   Nᵒ 27   Nᵒ 29

  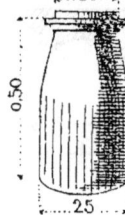 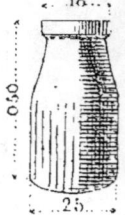

Wagons

         Nᵒ 2-5   Nᵒ 6

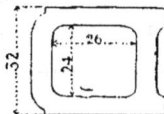  

Fig. 39.

murs mitoyens ou des murs de refend, au moyen de poteries appelées *boisseaux* et *wagons*, représentées dans la planche 39 ci-contre.

Les *boisseaux* sont des tuyaux à section ronde ou carrée, en terre cuite, épais de trois à quatre centimètres, d'un diamètre intérieur de 16 à 30 centimètres, de 0 m. 30 à 0 m. 40 environ de longueur, s'emboîtant les uns dans les autres et *striés* à l'extérieur pour favoriser la prise du mortier.

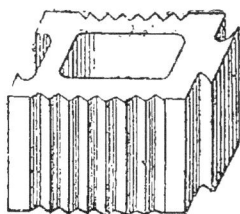

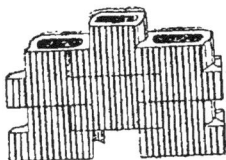

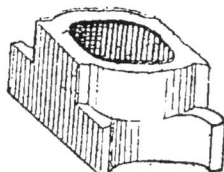

Fig. 40.
Wagon à queue d'aronde Metz.

Fig. 41.
Wagons solidaires Lacôte.

Les boisseaux sont droits, coudés ou obliques à 30, 45 ou 60 degrés.

Les boisseaux mitres se posent en haut du conduit de fumée pour recevoir le couronnement de la cheminée.

On emploie aussi les boisseaux pour faire des cheminées adossées, en les retenant au mur tous les 1 m. 50 par de fortes ceintures en fer ; ils se logent bien dans les angles des murs.

Les boisseaux valent de 4 à 6 francs le mètre courant, selon dimensions, tout posés.

Les wagons (planche 39) sont d'épaisses briques creuses avec des stries et des crochets extérieurs pour l'adhérence du mortier. En empilant les wagons les uns sur les autres et les uns à côté des autres, on forme des conduites de fumée très solides et ayant l'épaisseur du mur. Les wagons s'emboîtent les uns dans les autres

latéralement par leurs faces concaves et convexes ; on
les fait droits ou *dévoyés* à l'angle de 30 degrés pour permettre les conduits inclinés.

Les wagons ont 0 m. 16 à 0 m. 25 de hauteur, la
section intérieure varie de 18 × 20 centimètres à
21 × 34 centimètres ; ils valent de 140 à 180 francs le
cent selon dimensions.

Les wagons et les boisseaux se posent au mortier ou,
mieux, au plâtre.

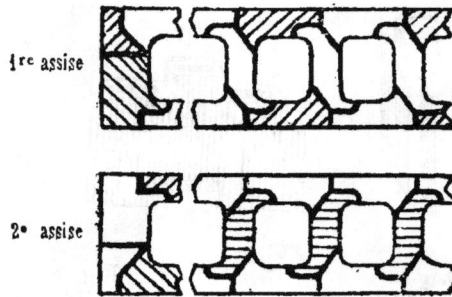

1re assise

2e assise

Fig. 42.

Le *dévoyage* ou *dévoiement* des conduits de fumée ne
doit pas se faire sous un angle de plus de 30 degrés avec
la verticale. Les wagons ou boisseaux se dévoient en les
les superposant un peu obliquement, ou en employant
les pièces obliques ou coudées spéciales que montre la
planche 39.

La figure 42 représente les briques appelées *Pin-
çonnettes*, pour conduits de fumée, chaleur, avec ou
sans emboîtement, allant dans les murs de toutes épaisseurs.

On voit qu'en dehors des têtes de souche, ce système se distingue en ce que :

1º Les joints qui lient les conduits sont toujours
brisés, d'où un obstacle plus grand au passage des
gaz de la combustion ;

2º En raison de la forme des *closots*, qui commande, par simple retournement, la découpe des joints verticaux, deux types de briques seulement sont nécessaires pour monter chaque conduit.

Les tableaux ci-dessous indiquent les dimensions des conduites de fumée suivant les grandeurs des locaux à chauffer.

CONDUITS EN BRIQUES

Capacité des pièces	Volume d'air à évacuer et à introduire par heure	Conduits de fumée				Mitres			
		Surface de section	Section rectangulaire		Section cylindrique. Diamètre	Surface de section	Section rectangulaire		Section cylindrique. Diamètre
			Largeur	Longueur			Largeur	Longueur	
m³	m³	m²	m	m	m	m²	m	m	m
100	500	0,0926	0,25	0,37	0,27	0,0463	0,14	0,33	0,19
120	600	0,1110	0,30	0,37	0,30	0,0555	0,15	0,37	0,21
150	750	0,1388	0,30	0,46	0,33	0,0694	0,20	0,35	0,23
180	900	0,1666	0,30	0,55	0,37	0,0833	0,20	0,41	0,26
220	1100	0,2036	0,35	0,58	0,40	0,1018	0,20	0,50	0,28
260	1300	0,2406	0,40	0,60	0,44	0,1203	0,20	0,60	0,31
300	1500	0,2776	0,40	0,66	0,47	0,1388	0,23	0,60	0,33

CONDUITS EN WAGONS

Capacité des locaux à chauffer	Épaisseur des murs	Dimensions intérieures des wagons		Section de passage de la fumée A	Diamètre des mitres cylindriques	Section de passage (mitres) A₁	Rapport A / A₁
m³	m	m	m	m²	m	m²	
100 à 140	0,50	0,34 × 0,21		0,0714	0,25	0,0491	1,45
80 à 100	0,45	0,28 × 0,21		0,0588	0,22	0,0381	1,54
80 à 100	0,40	0,26 × 0,21		0,0546	0,22	0,0381	1,43
80 à 100	0,34	0,27 × 0,21		0,0567	0,22	0,0381	1,49
45 à 60	0,25	0,20 × 0,18		0,0360	0,16	0,0202	1,78
							1,54

CONDUITS EN BOISSEAUX GOURLIER

Capacité des locaux à chauffer	Dimensions intérieures des boisseaux Gourlier		Section de passage de la fumée A	Diamètre intérieur des mitrons cylindriques	Section de passage (mitrons) A_I	Rapport $\dfrac{A}{A_I}$
m³	m	m	m²	m	m³	
100 à 140	0,30 ×	0,25	0,0750	0,25	0,0491	1,53
80 à 100	0,25 ×	0,22	0,0550	0,22	0,0381	1,44
60 à 80	0,25 ×	0,16	0,0400	0,19	0,0283	1,47
60 à 80	0,22 ×	0,19	0,0418	0,19	0,0283	1,48
45 à 60	0,19 ×	0,17	0,0328	0,16	0,0202	1,62
						1,50

Foyers et conduits de fumée des cheminées. — Ces foyers se construisent soit dans l'épaisseur du mur, comme le montre la figure 43, soit adossés au mur comme dans la figure 44.

Dans un mur mitoyen, on ne peut construire le foyer

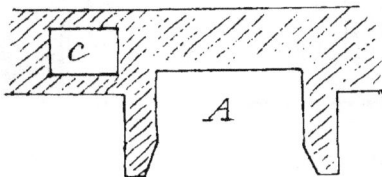

Fig. 43.

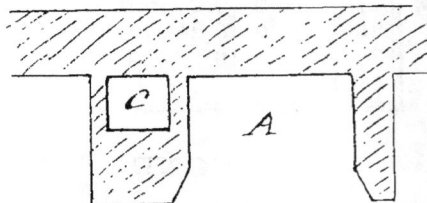

Fig. 44.

que jusqu'à la demi-épaisseur du mur ; le *contre-cœur* a donc au moins la demi-épaisseur du mur ; dans les murs non mitoyens on donne au moins 0 m. 15 d'épaisseur au *contre-cœur*.

Pour desservir les cheminées des divers étages superposés d'un immeuble, on place dans le mur autant de conduites de fumée qu'il y a de cheminées à desservir, comme le montre la figure 45 où l'une des conduites

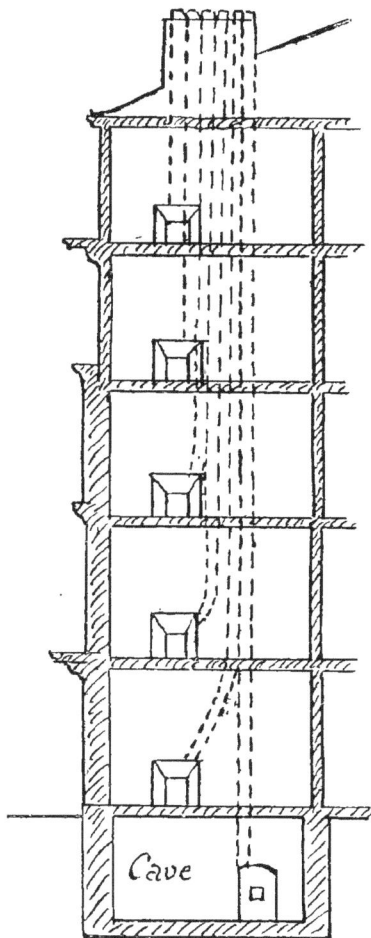

Fig. 45.

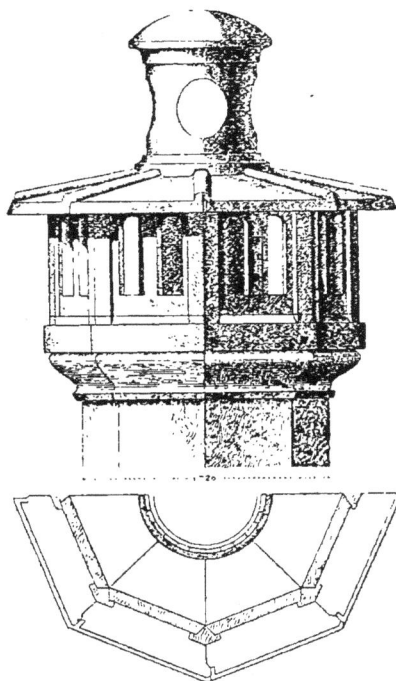

Cheminée avec Ventilation
Asile St Anne
M. Queatel Arch.

Fig. 46.

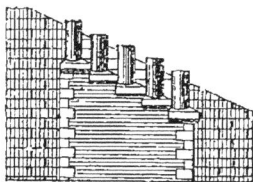

Fig. 47.

Fig. 48.

de fumée dessert un calorifère de cave et 5 autres conduites des cheminées d'appartements.

Souches des cheminées. — La souche de cheminée est la partie qui dépasse la toiture du bâtiment. On fait les souches de cheminées soit en pigeonnages de plâtre

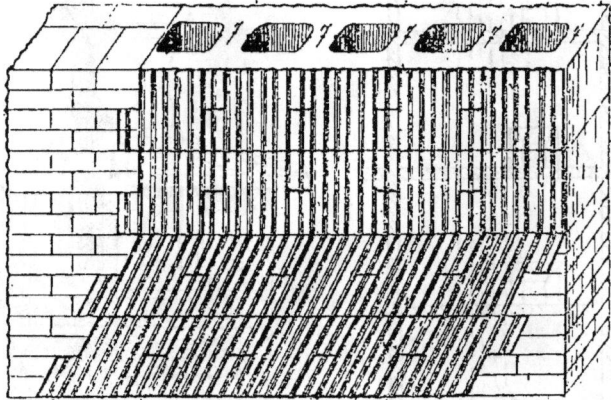

Fig. 46 *bis.* — Conduits de fumée en wagons droits et dévoyés à 30 degrés sur la verticale.

recouverts d'une petite toiture en zinc pour les protéger des infiltrations d'eau, soit en briques surmontées ou non d'un tuyau en poterie, comme le font voir les figures 47 et 48.

Les couronnements de cheminée en poterie se composent d'une *mitre* ou *d'un mitron* d'un diamètre supérieur un peu plus petit que celui du conduit de fumée (planche 49) ; cette mitre est surmontée d'une *lanterne* en terre cuite ou d'un appareil en tôle tournant au vent pour favoriser le tirage.

On peut aussi constituer la cheminée, hors du toit, par des tuyaux en poterie décorative comme ceux que représente la planche 49 (Emile Müller, à Ivry).

La figure 46 montre une cheminée en terre cuite avec ventilation.

Les souches de cheminée isolées doivent dépasser le faîtage de 0 m. 40 à 0 m. 50 ; elles ne doivent cepen-

MITRES & MITRONS

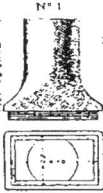
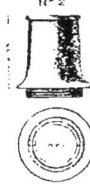

Mitres
e basc rectangulaire

Dimensions et Prix	
0 21 x 0 25	2'50
0 21 x 0 30	3'00
0 22 x 0 35	3'50
0 22 x 0 40	4'00
Poids moyen 12ᵏ	

Mitrons N°2

Diametre exterieur de l'emboit"	
0.13	0'80
0.16	1'00
0.19	1'25
0.22	1'50
0.25	1'80
0.32	3'50
Poids moyen 6ᵏ00	

Diametre 0,22 Prix 3'   Prix 3'
Diametre 0.24 Prix 3'50 Poids 12ᵏ
Poids moyen 7ᵏ

LANTERNES   CHEMINÉES

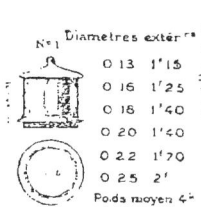

Diametres extér"

0 13	1'15
0 16	1'25
0 18	1'40
0 20	1'40
0 22	1'70
0 25	2'
Poids moyen 4ᵏ	

Lanternes à trefles avec
couvercle s'emboanchant
à baïonnette

Diamètres
0 16 0.19 0 21 0 23
Haut' moyenne 0 36
Prix
2'75 3' 3'25 3'50
Poids moyen 8ᵏ

Prix 5'
Poids 6ᵏ

Diametre 0 16 Prix 3'50
Diamètre 0 23 Prix 5'00
Poids moyen 10ᵏ

Diamètre 0 18 Prix 4'
Diametre 0,24 Prix 5'
Poids moyen 10ᵏ

Prix 10'
Poids 30ᵏ

Prix 15'
Poids 50ᵏ

Prix 15'
Poids 25ᵏ

Fig. 49.

dant pas avoir plus d'un mètre de hauteur. Si elles sont plus hautes qu'un mètre, elles doivent être adossées à un mur formant dossier dit *mur dosseret*, comme on le voit sur les figures 47 et 48.

(Voir plus loin, *ventilation et tirage des cheminées*).

Conduits de fumée en tôle. — Les conduits de fumée

en tôle ont l'inconvénient d'être rapidement détruits par la rouille et par l'action corrosive de la fumée ; la peinture au minium ou au goudron ainsi que la galvanisation au zinc combattent efficacement la rouille extérieure des tuyaux en tôle, mais n'empêchent pas la corrosion intérieure des tôles.

Les *tuyaux des poêles* sont en tôles minces de 4 à 6 dixièmes de millimètre d'épaisseur ; les conduites de fumées en tôle se posent extérieurement aux habitations ; on les soutient le long des murs au moyen de colliers en fer. Elles doivent être éloignées d'au moins 0 m. 16 de toute partie en bois et ne doivent pas pénétrer dans une autre location que celle qu'elles desservent.

Les conduits de fumée en métal doivent rester apparents dans toutes leurs parties. On les surmonte d'un *chapeau* ou *lanterne* empêchant l'eau pluviale de tomber dans le conduit métallique où elle accélérerait l'action corrosive de la fumée.

Orifices de ramonage. — L'orifice supérieur des conduits de fumée doit être accessible et la tête de cheminée munie au besoin d'échelles fixes pour accéder à son sommet. Si la partie inférieure du conduit de fumée est peu accessible, il faut y prévoir une porte spéciale pour le ramonage ; cette porte est fermée par un volet plein en tôle.

Établissement des conduits de fumée dans l'intérieur des maisons de la Ville de Paris, arrêté préfectoral du 25 novembre 1897.

ARTICLE PREMIER. — L'établissement des foyers et des conduits de fumée dans les murs mitoyens et dans les murs séparatifs de deux maisons contiguës, qu'elles appartiennent ou non au même propriétaire, ne pourra être autorisé que sous les conditions suivantes :

1° Les languettes de contre-cœur au droit des foyers devront être en briques de bonne qualité et avoir au minimum une épaisseur de 22 centimètres sur une hauteur de 80 centimètres, et une largeur dépassant celle du foyer d'au moins 22 centimètres de chaque côté ;

2° Les conduits de fumée devront être construits exclusivement en briques à plat, droites ou cintrées, et avoir au moins 10 centimètres d'épaisseur.

3° Les murs mitoyens ou séparatifs ne pourront recevoir de poutres ni de solives que lorsqu'ils seront entièrement pleins dans la partie verticale au-dessous des scellements de ces solives ;

4° Les parties supérieures de ces murs constituant souches de cheminées porteront un couronnement en pierre devant servir de plate-forme et faisant saillie d'au moins 15 centimètres sur chaque face. Elles devront, en outre, être munies d'une main-courante en fer.

ART. 2. — Il est permis d'établir des conduits de fumée dans l'intérieur des murs de refend, sous la double condition :

1° Que ces murs auront une épaisseur de 40 centimètres, s'ils sont construits en moellons ; de 37 centimètres, s'ils sont construits en briques, enduits compris ;

2° Que les conduits de fumée seront exécutés en briques de bonne qualité, droites ou cintrées, ou en wagons de terre cuite.

ART. 3. — L'adossement des conduits de fumée à des pans de fer est permis, à la condition de maintenir un renformis de 5 centimètres en plâtre, non compris l'épaisseur du conduit, entre les pans de fer et les conduits de fumée.

ART. 4. — Il sera toujours réservé un dosseret de maçonnerie pleine, ayant au moins 45 centimètres d'épaisseur, enduits compris, entre la paroi intérieure des conduits engagés dans les murs et le tableau pratiqué dans ces murs.

Cette épaisseur pourra être réduite à 25 centimètres, à la condition que le dosseret soit construit en pierre de taille ou en brique de bonne qualité.

ART. 5. — Les conduits de fumée desservant des foyers ordinaires ne pourront avoir moins de 18 centimètres sur 22 centimètres ou de 20 centimètres sur 20 centimètres de section intérieure s'ils sont rectangulaires ; moins de 22 centimètres de diamètre s'ils sont de section circulaire et moins de 20 centimètres sur 25 centimètres s'ils sont de section elliptique.

Les angles intérieurs des conduits de section rectangulaire seront arrondis et le plus grand côté ne pourra avoir une dimension supérieure à une fois et demie le petit côté.

Pour les conduits elliptiques, la même proportion sera observée.

Les conduits de section circulaire ne devront être construits qu'en briques ayant au moins 5 centimètres d'épaisseur.

Les wagons et les boisseaux en terre cuite devront avoir au moins 5 centimètres d'épaisseur.

Les conduits de fumée, en briques ou en terre cuite, devront être recouverts d'un enduit en plâtre d'au moins 2 centimètres d'épaisseur, ou de toute autre matière incombustible et mauvaise conductrice de la chaleur, et, en tout cas, d'une épaisseur suffisante pour qu'il n'en résulte aucun danger d'incendie ou aucune incommodité grave pour les habitants.

Art. 6. — Les conduits de fumée non engagés dans les murs ne seront autorisés que s'ils sont adossés à des piles en maçonnerie ou à des murs en moellons ayant au moins 40 centimètres d'épaisseur, enduits compris, ou à des murs en briques ayant au moins 22 centimètres d'épaisseur, ou, dans le dernier étage, à des cloisons en briques de 11 centimètres d'épaisseur.

Ces conduits devront être solidement attachés au mur tuteur par des ceintures en fer dont l'espacement ne dépassera pas 2 mètres.

Les languettes de contre-cœur au droit des foyers de ces conduits de fumée devront être en briques et avoir au moins une hauteur de 80 centimètres, une largeur dépassant celle du foyer d'au moins 10 centimètres de chaque côté et une épaisseur d'au moins 10 centimètres. Ces languettes, dans toute la largeur du foyer, devront en outre être protégées par une plaque de fonte ou un revêtement en briquettes réfractaires d'au moins 4 centimètres d'épaisseur.

L'épaisseur de la languette pourra n'être que de 6 centimètres lorsque les deux cheminées seront adossées l'une à l'autre.

Art. 7. — Les wagons et les boisseaux en terre cuite employés comme tuyaux adossés, devront avoir au moins 5 centimètres d'épaisseur, seront à emboîtement et formeront avec l'enduit en plâtre une épaisseur totale d'au moins 7 centimètres.

Art. 8. — L'épaisseur des languettes, parois et costières des conduits engagés dans les murs ou adossés ne pourra jamais être inférieure à 7 centimètres, enduits compris.

Art. 9. — Les conduits de fumée ne pourront dévier de la verticale de manière à former avec elle un angle de plus de 30 degrés.

Ils devront avoir une section égale dans toute leur hauteur et seront facilement accessibles à leur partie supérieure.

Art. 10. — L'arrêté préfectoral du 15 janvier 1881 est et demeure abrogé.

CHAPITRE V

TIRAGE DES CHEMINÉES

L'air chaud étant plus léger que l'air froid, il s'en-suit que, si l'on fait du feu à la base d'un conduit de fumée, l'air s'échauffera dans toute la hauteur du conduit et formera une colonne d'air plus légère qu'une semblable colonne d'air extérieur. L'air chaud tendra donc à s'élever dans le conduit vertical pour être remplacé par de l'air frais qui s'échauffera à son passage sur le foyer, de sorte que le *tirage* de la cheminée sera continu.

Le tirage d'une cheminée dépend :

1º de la quantité de combustible brûlé par heure ;

2º de la hauteur du tuyau de fumée ;

3º de la section de ce tuyau ;

4º des circonstances atmosphériques à l'orifice supérieur de sortie de la fumée ; le vent, la chaleur solaire pouvant contrarier le tirage ;

5º deux foyers desservis par le même conduit de fumée contrarient leurs tirages.

Pour *augmenter le tirage*, c'est-à-dire la *vitesse d'é-coulement de la fumée*, il faut brûler davantage de combustible, ou augmenter la hauteur du tuyau, ou en diminuer la section.

Pour *augmenter la température de la fumée*, il faut brûler plus de combustible, ou diminuer la hauteur du tuyau ou diminuer sa section.

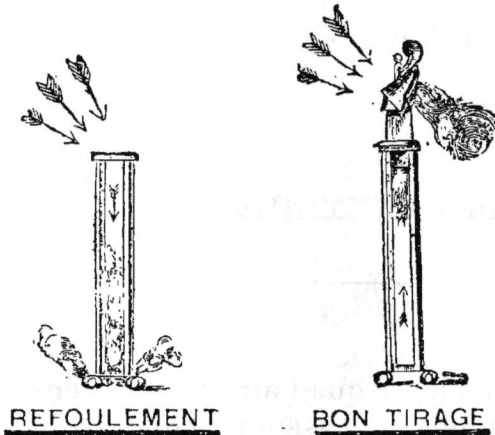 

REFOULEMENT   BON TIRAGE

Fig. 50.   Fig. 51

Pour *augmenter la ventilation*, il faut augmenter la section du conduit de fumée, sa hauteur et la quantité de combustible brûlé.

Pour *diminuer la ventilation* on diminue la section du tuyau de fumée, ce qui ne peut pas se faire au-dessous d'un certaine limite qui arrêterait le tirage.

Le tableau ci-dessous indique les dimensions usuelles des conduits de fumée pour habitation.

Cubes des locaux en mètres cubes	Section du tuyau de fumée en mèt. car.	Côté du boisseau carré correspond. en mèt.
45 à 60	0,0340	0,185
60 à 80	0,0400	0,200
80 à 100	0,0560	0,240
100 à 150	0,0730	0,270
150 à 200	0,0900	0,300

L'ascension de l'air et de la fumée dans le conduit

de fumée produit, dans le local où se trouve le foyer, un *appel d'air* qui ventile ce local. L'air nécessaire doit être fourni par des *prises d'air* suffisantes sans quoi le tirage de la cheminée est défectueux. Ces prises d'air sont généralement formées par des caniveaux pratiqués sous les planchers et aboutissant d'un côté au

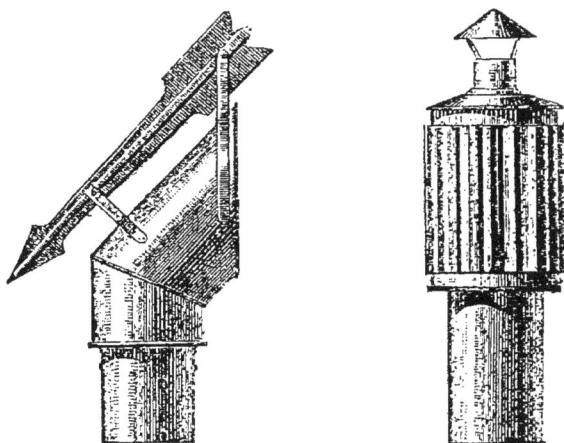

Fig. 52.

mur de façade, où on les garnit d'une petite grille qui empêche l'entrée des animaux (rats, oiseaux, etc.) et, de l'autre côté, soit dans le local à ventiler soit dans l'intérieur des parois de la cheminée ou du poêle où l'air s'échauffe et vient déboucher dans l'appartement par des *bouches de chaleur* (voir *cheminées, poêles, calorifères*).

L'orifice supérieur des conduits de fumée ou *tête de cheminée* se fait en *maçonnerie*, en terre cuite ou en *tôle*, peinte ou galvanisée.

Pour empêcher la pluie de tomber dans le conduit de fumée on le recouvre d'un *chapeau* en terre cuite ou en tôle ; pour empêcher que le vent ne *coupe le tirage* de la cheminée et ne *refoule* la fumée de haut en bas en s'engouffrant dans le conduit de fumée (fig. 50), on emploie des *têtes de cheminée tournantes* sous l'action du vent telles que celle représentée par la figure 51, dites *gueules de loup* ou *tourne au vent*, et des *lanternes à volets* (fig. 52).

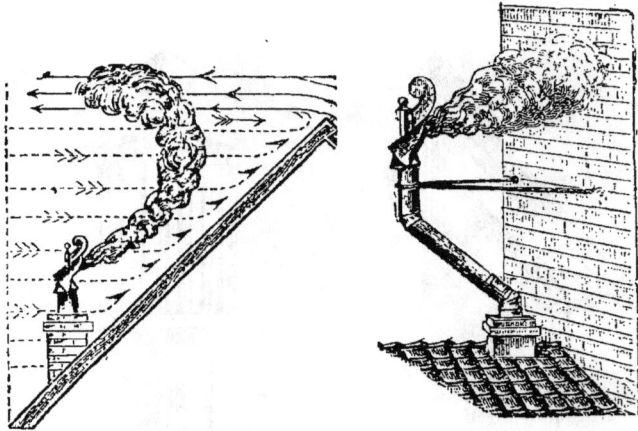

Fig. 53 et 54
Applications du tourne au vent aspirateur *La Cigogne*.

La construction de ces appareils est telle que le vent, *même venant de haut en bas*, produit un vide en avant de l'orifice et appelle forcément la fumée et même les poussières du local desservi par la cheminée.

L'emploi de ces appareils est surtout urgent quand le voisinage d'une toiture haute ou d'un mur produit des remous d'air, comme le montrent les figures 53 et 54.

Quand on a à craindre la projection de flammèches sur les immeubles voisins, on entoure l'orifice de la tête de cheminée d'une sorte de boule en réseau de fil de fer (fig. 111).

Les têtes de cheminées sont généralement d'un

diamètre un peu plus petit que le conduit de fumée (2 à 3 centimètres sur chaque côté ou sur le diamètre) ce qui améliore le tirage de la cheminée; elles doivent être facilement accessibles pour faciliter les ramonages, et, autant que possible, être plus hautes que le faîtage de l'édifice afin d'éviter les refoulements de fumée.

CHAPITRE VI

GÉNÉRALITÉS
SUR LE CHAUFFAGE DES HABITATIONS

Pour établir rationnellement le chauffage d'un appartement ou d'une habitation quelconque, il faut calculer la quantité de chaleur nécessaire, que l'on doit produire artificiellement, pour compenser le refroidissement que subit le local par le fait de l'abaissement de la température extérieure.

L'*unité de chaleur* est la *calorie* ; c'est la quantité de chaleur nécessaire pour élever d'un degré centigrade un kilogramme d'eau (litre d'eau liquide).

La *puissance calorifique* d'un combustible est le nombre de calories développées par la combustion d'un kilogramme de ce combustible ; le tableau ci-dessous indique la puissance calorifique et le poids du mètre cube des combustibles usuels :

*Pouvoir calorifique des combustibles ou quantité de chaleur
fournie par la combustion d'un kilogramme des combustibles suivants et poids du mètre cube.*

	Calories :	Kilos :
Alcool à 90 degrés	6.194	812
Anthracite	7.950	1.500
Bois séché à l'air	2.945	700
— séché au feu	3.666	500
Charbon de bois sec ou distillé	7.050	230
— très ordinaire	6.000	180
Cire blanche	9.820	800
— jaune	10.344	1.800
Coke	7.050	550
Gaz d'éclairage ... 10.260 à	13.000	0,500
— oléfiant	6.833	0,700
— pauvre de gazogène	0.600	
Houille ... 5.932 à	7.500	1.400
Huile de pétrole	9.460	825
— d'olive	9.000	900
— de colza ou de navette	9.300	900
Hydrogène pur	29.000	0,090
Hydrogène carburé	6.622	0,700
Lignite	5.100	1.200
Naphte	7.333	900
Oxyde de carbone	1.944	1.000
Suif	8.370	600
Tannée	1.645	400
Tourbe (suivant état hygrométrique) 1.500 à	3.000	600

Il faut aux combustibles une certaine quantité d'air
pour qu'ils puissent brûler complètement ; l'air pèse
1 kil. 293 le mètre cube à la température du zéro centigrade. Le tableau ci-dessous indique les quantités
d'air nécessaires, dans la pratique, à la combustion
d'un kilogramme des corps usuels :

	Kilg. d'air	mèt. cubes d'air
Hydrogène	35	29
Gaz d'éclairage	13	10
Houille	23	18
Anthracite	28	22
Coke	26	20
Lignite	19	15
Charbon de bois	16	12
Tourbe	16	13
Bois sec.	15	12
Bois humide.	12	9
Gaz pauvre	6	5

(Ces chiffres sont supérieurs à ceux indiqués par la théorie.)

L'installation d'un appareil de chauffage doit donc faire prévoir une ventilation susceptible de fournir la quantité d'air suffisante pour la combustion, en outre de celle nécessaire à la vie des personnes contenues dans l'appartement.

Pertes de chaleur. — La température d'un local s'abaisse dès que la température du dehors est au-dessous de celle du local considéré ; les causes de cet abaissement de température sont :

1º *La conductibilité* ou *conduction* des parois du local.

2º *Le mélange* de l'air du dehors froid à celui de l'intérieur plus chaud.

3º La *ventilation* qui introduit l'air froid du dehors et expulse l'air vicié chaud de l'intérieur.

4º Le *rayonnement* ou *radiation* des parois chaudes du local vers l'extérieur.

La quantité de chaleur qui passe à travers une paroi est *proportionnelle* :

1) A la différence des températures des deux côtés de la paroi (T — *t*).

2) A la surface de cette paroi (S).

3) A un coefficient (K) variable avec la nature de la paroi.

Elle est *inversement proportionnelle* à l'épaisseur de la paroi.

Le coefficient K est la quantité de chaleur qui traverse pendant l'unité de temps, une surface égale à l'unité, d'épaisseur égale à l'unité, du corps considéré.

Voici les coefficients K pour les principaux matériaux employés dans la construction :

Coefficients K (par heure et épaisseur d'un mètre).

Cuivre	64
Fonte	32
Fer	29
Zinc	28
Plomb	14
Marbre	3
Liais	1,80
Pierre calcaire	1,30
Plâtre gâché	0,33
Bois de chêne	0,21
Bois de sapin	0,17
Verre	0,80
Terre cuite	0,60
Liège	0,14
Sable siliceux	0,27
Coke pulvérisé	0,26
Cendres de bois	0,06
Charbon de terre	0,06

La formule générale de la quantité de chaleur transmise en une heure est :

$$M = \frac{KS(T-t)}{E},$$ les lettres ayant la signification indiquée ci-dessus.

Le tableau ci-dessous indique, d'après Péclet, la déperdition de chaleur des différentes parois pour 1 degré de différence de température et par mètre carré de surface de la paroi considérée :

Coefficient K pour :

Murs en briques de 6 sans enduit 2,90
—   — 10   —   2,60
—   — 20   —   1,80
—   — 30   —   1,50
—   — 40   —   1,30
—   — 50   —   1,00
—   — 60   —   0,80
—   — 6 avec enduit et papier... 2,70
—   — 10   —   2,50
—   — 20   —   1,70
—   — 30   —   1,40
—   — 40   —   1,20
—   — 50   —   0,90
—   — 60   —   0,75

Pour les briques creuses, prendre les 3/4 des chiffres ci-dessus.

Murs en meulière ou calcaire de 20 $^c/_m$... 2,80
—   —   —   — 25 $^c/_m$... 2,70
—   —   —   — 30 $^c/_m$... 2,50
—   —   —   — 40 $^c/_m$... 2,20
—   —   —   — 50 $^c/_m$... 1,90
—   —   —   — 60 $^c/_m$... 1,70

Ciment armé de   6 $^c/_m$............... 3
—   — 10 $^c/_m$............... 2,80
—   — 15 $^c/_m$............... 2,50
—   — 20 $^c/_m$............... 2,20

2 murs en briques de 6 $^c/_m$, séparés par un
    vide de 5 $^c/_m$................... 1,50
1 mur de en briques 5 $^c/_m$ et un de 11 $^c/_m$, avec
    vide de 5 $^c/_m$................... 1,40
2 murs en briques de 11 $^c/_m$, avec vide de
    5 $^c/_m$........................... 1,30
1 mur de 8 en carreaux de plâtre, enduit
    deux faces 1,80
Bois de 3 $^c/_m$ d'épaisseur 1,82
Vitres verticales, verre simple 4,00
—   —   — avec rideau 3,00
—   doubles, avec vide de 3 à 6 $^c/_m$.... 2,00
Toiture en verre, simple................. 5,00
—   —   double 3,00
Plafond en plâtre sous comble fermé.... 0,80
—   —   avec plancher dessus.. 0,60
—   voûté en briques de 11 $^c/_m$ avec car-
    relage dessus............... 1,70
—   voûté en briques, avec plancher
    en bois 1,50

Toit en zinc sur lattis   2,15
  —   sur voliges jointives   1,50
  —   sur briques de liège de 6 %/m et
enduit   0,60
Toit en tuiles sur lattis   3,60
  —   sur lattis avec voliges, avec
                  vide de 15 %/m.........   1,00
  —   avec briques de liège de 6 %/m
avec vide de 15 %/m......:...........   0,60
Toit ou plafond en ciment volcanique 4 à 5
Planchers en bois sur hourdis   1,50
Sol sur terre-plein   1,90
Pavé en bois   0,60

La formule applicable avec les coefficients ci-dessus est

$$M = KS (T - t)$$

Dans les calculs, T représente la température constante à maintenir dans le local et t le minimum que l'on suppose à la température extérieure.

Les pertes de chaleur dues au rayonnement sont exprimées par la formule

$$R = KS (T - t) [1 + 0,0056 (T - t]$$

dans laquelle le coefficient K est :

Pour le cuivre rouge   0,16
  —   laiton poli   0,24
  —   zinc........................   0,24
  —   tôle noire...................   0,27
  —   tôle polie   0,45
  —   fonte neuve   3,17
  —   fonte oxydée   3,36
  —   peinture à l'huile   3,71
  —   pierre à bâtir   3,60
  —   plâtre ou bois   3,60

Les pertes de chaleur dues à la ventilation sont données par la formule :

$$P = 0,307 \ V \ (T - t)$$

dans laquelle V est le volume d'air renouvelé par heure, 0,307 le nombre de calories nécessaire pour échauffer d'un degré un mètre cube d'air ; T et t les températures intérieure et extérieure prises au maximum pour la première et au minimum supposé pour la seconde, comme il a déjà été dit.

Le volume d'air que doit fournir la ventilation se compose du volume d'air nécessaire à la vie des habitants et du volume d'air nécessaire à la combustion des poêles ou des lampes qui brûlent dans le local.

Nous avons indiqué les quantités d'air nécessaires à la combustion des divers corps ; nous dirons qu'il faut pour les divers éclairages et par heure :

> Pour une flamme au gaz, 26 mètres cubes d'air
> Pour une bougie 6   —
> Pour une forte lampe... 24   —

Dans les locaux où brûle un foyer de chauffage, le tirage du foyer est suffisant pour assurer le renouvellement de l'air nécessaire aux personnes, mais dans les locaux chauffés à la vapeur ou à l'eau chaude, il faut assurer une ventilation proportionnée au nombre des habitants (voir le chapitre *Ventilation*) et assurer le réchauffage de l'air ainsi admis et expulsé, soit par heure et par personne :

> Dans une chambre d'appartement 15 à 20 mc.
> Dans les écoles................ 30 à 35 mc.
> Dans les théâtres.............   50 mc.
> Dans les usines sans émanations industrielles ....   60 mc.
> Dans les usines avec émanations industrielles................   100 mc.
> Dans les hôpitaux .... 70 à 150 mc.

La température à entretenir dans les divers locaux est, pour :

Amphithéâtres de cours	16 à 18°
Ateliers, casernes.................	14 à 15°
Bureaux........................	16 à 17°
Ecoles	15 à 16°
Eglises.......................	12 à 14°
Hôpitaux	16 à 18°
Prisons	15 à 16°
Salles de réunion	17 à 19°
Théâtres.......................	17 à 19°
Appartements	17 à 18°

Les chiffres, formules et tableaux que nous avons donnés ci-dessus permettent de calculer la quantité de chaleur nécessaire au chauffage d'un local ainsi que le poids de combustible à brûler pour obtenir cette chaleur, en admettant que le *rendement* de l'appareil d'utilisation de ce combustible soit parfait ; il n'en est pas ainsi et les divers modes de chauffage donnent des résultats très différents au point de vue du rendement, nous le verrons plus loin. Mais il y a d'autres facteurs qui interviennent, tels sont : l'exposition au vent, la nature des locaux voisins, les courants d'air. Il faut compter aussi qu'un homme fournit par sa propre chaleur environ 80 calories par heure, par sa respiration et par rayonnement.

On voit donc que le calcul d'une installation bien comprise de chauffage et de ventilation demande une grande attention ; cependant, ce calcul bien fait et adapté à une installation bien comprise peut faire réaliser chaque année des économies considérables de combustible.

Nous pouvons dire qu'en France nous avons, en général, les plus mauvaises installations de chauffage et que nous brûlons inutilement des quantités de bois et de charbon pour être fort mal chauffés à grands frais. Il serait facile de remédier à cette situation en adoptant les méthodes modernes.

Nous étudierons successivement les différents procédés de chauffage, en spécifiant leurs avantages et leurs inconvénients respectifs. Ces procédés sont :

Les cheminées d'appartement ;

Les poêles et poêles calorifères ;

Les calorifères à air chaud ;

La vapeur à haute et moyenne pression ;

La vapeur à basse pression ;

La circulation d'eau chaude ;

Le chauffage au gaz, au pétrole, à l'électricité.

CHAPITRE VII

CHEMINÉES D'APPARTEMENT

Nous avons donné au chapitre *Marbrerie des Cheminées*, toutes les indications sur la construction des cheminées en marbre que l'on trouve encore dans le plus grand nombre des immeubles, quoique ces cheminées soient vraiment le mode le plus vétuste et le plus imparfait de chauffage. En effet, le *rendement calorifique* d'une cheminée chauffée au bois n'est guère que de 5 à 6 p. 100 et celui d'une cheminée brûlant de la houille 10 à 12 p. 100 de la chaleur dégagée par le combustible.

La presque totalité de la chaleur s'en va par le conduit de fumée qui produit un violent appel d'air : le général Morin estime qu'une cheminée d'appartement aspire de 94 à 136 mètres cubes d'air par kilogramme de bois, ou 179 à 297 mètres cubes d'air par kilogramme de houille brûlé dans l'âtre, suivant que l'on dépense de 4 kil. 42 à 2 kil. 42 de combustible à l'heure. L'appel d'air est d'autant plus faible que l'on brûle plus de combustible ; il y a donc intérêt à n'employer que de petits foyers pour diminuer l'appel d'air.

La cheminée d'appartement ne chauffe que par *rayonnement*, la chaleur étant projetée en avant par

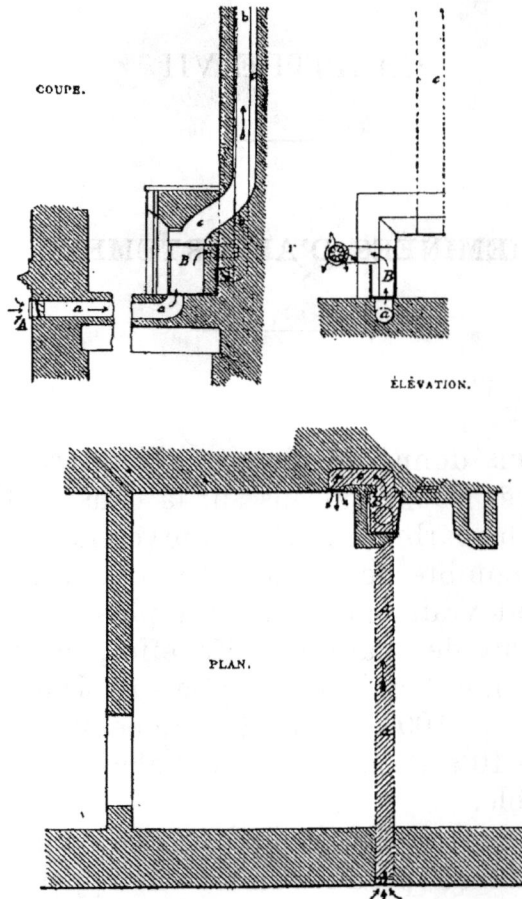

Fig. 55. — A ventouse ou prise d'air avec grille. — *a a* caniveau sous plancher. — B espace de réchauffage de l'air. — *z* bouche de chaleur. — *b* tuyau de fumée.

les plaques de faïence de la partie appelée *rétrécissement* et par le contre-cœur garni d'une plaque en fonte. L'air appelé par le tirage entre dans la pièce par les portes et les fenêtres en produisant une ventilation active dans la partie inférieure du local. L'inconvénient de la cheminée est de ne réchauffer que les objets et les personnes qui sont tout près du feu.

Une amélioration de ces cheminées consiste à

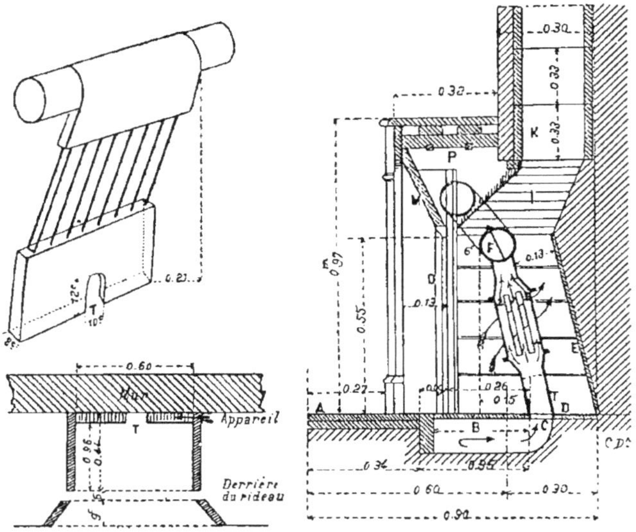

Fig. 56 et 57.

ménager une *prise d'air* sous le plancher, comme il a été dit au chapitre *Tirage des Cheminées* et comme le montre la figure 55 ; l'air circule autour du foyer, s'échauffe et arrive dans la pièce par des *bouches de chaleur* placées sur les côtés de la cheminée ; les ventouses et les caniveaux sous plancher se font en poteries, en colombages de plâtre ou en tôle.

Nombre d'inventeurs se sont appliqués à améliorer le rendement calorifique des cheminées d'appartement en construisant l'âtre en fonte avec circulation intérieure de l'air qui arrive par la ventouse. Tels sont l'appareil Fondet (fig. 56 et 57) dans lequel l'air circule et s'échauffe dans des tubes inclinés formant le fond du foyer et arrive fortement échauffé dans un tube supérieur horizontal aboutissant à deux bouches de chaleur ; l'appareil Fortel, qui se compose d'un

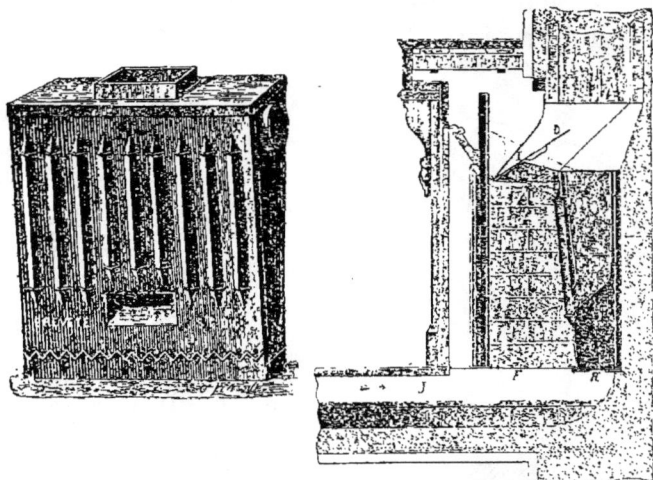

Fig. 58 et 59.

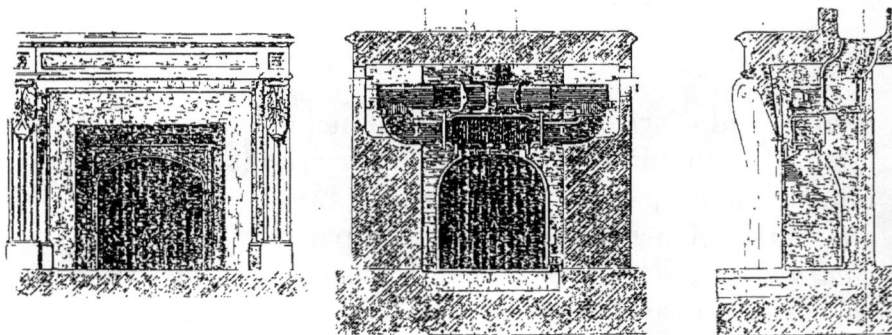

Fig. 60.

coffre en fonte recevant par en bas l'air de la ventouse et restituant l'air chaud par deux bouches de chaleur en haut (fig. 58 et 59).

Les cheminées Cordier, Leras, Monceau, Joly, sont du même genre ; la cheminée Chauvin (fig. 60) entoure tout le feu d'une gaîne en fonte et la fumée circule dans des carneaux qui contribuent à échauffer l'air venant du dehors.

Les cheminées Douglas, Galton et Doulton, procèdent des mêmes principes, mais sont à petit foyer

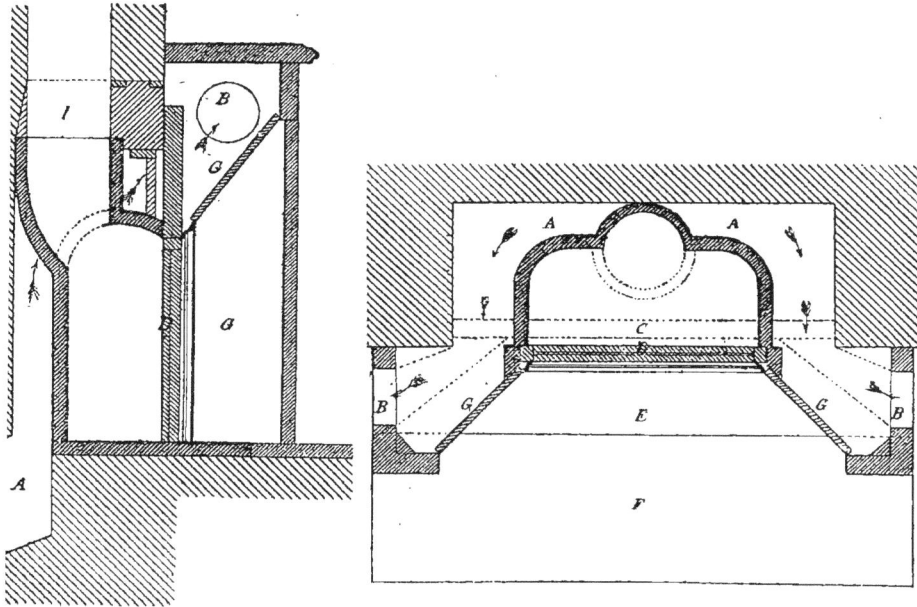

Fig. 61.

pour chauffer au charbon de terre ou au coke. Certains constructeurs font des foyers de cheminées en terre réfractaire assez mince, autour de laquelle circule l'air à réchauffer; la figure 61 montre un de ces dispositifs.

D'autres inventeurs se sont appliqués à construire des appareils mobiles qui, se plaçant dans n'importe quelle cheminée de construction ancienne, même non pourvue de ventouse-prise d'air, ni de bouches de chaleur, en améliorent considérablement le rendement calorifique. De cette catégorie est la *cheminée Silbermann* ; elle consiste en une caisse métallique formée

Fig. 63.

Fig. 62.

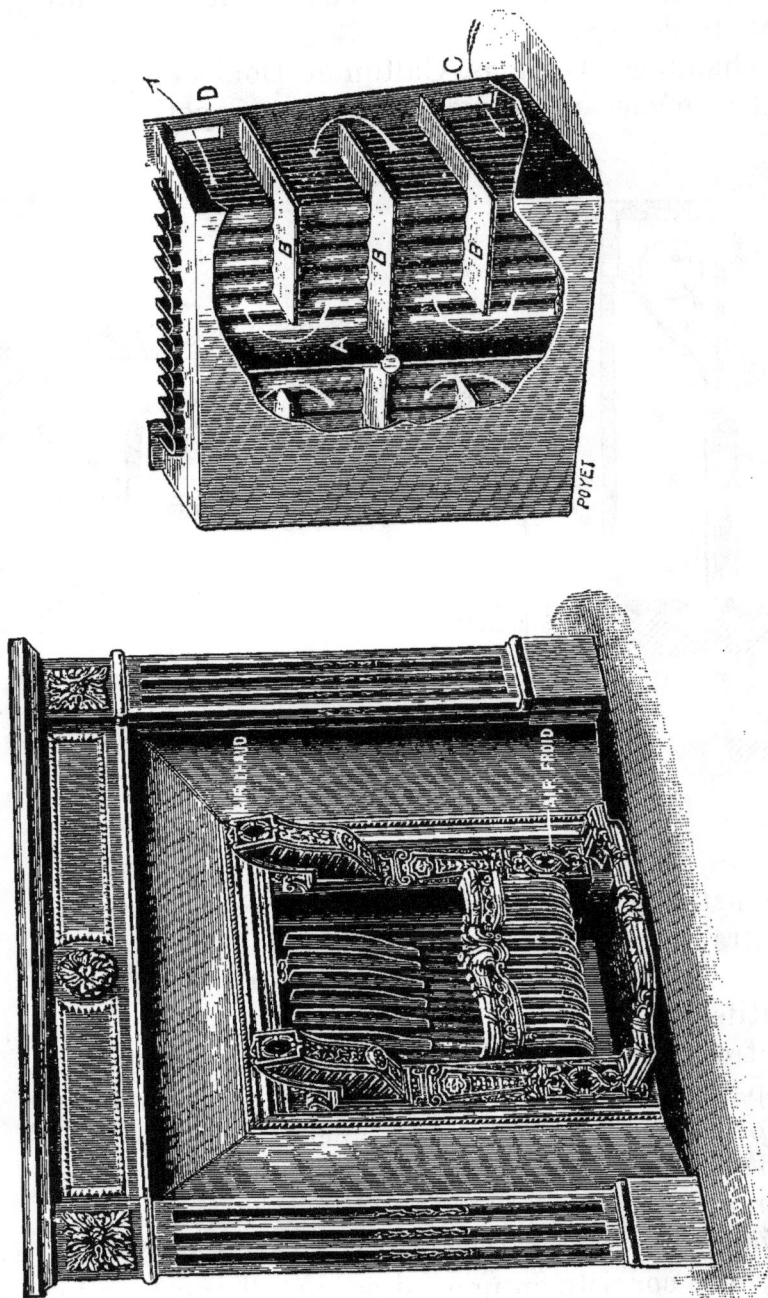

Cheminée Silbermann, vue mise en place et coupe de l'appareil réchauffeur d'air.

de deux coffres réunis et clos, qui entoure le foyer en occupant le fond et les côtés, formant ainsi le cœur et le contre-cœur. La face en contact avec la flamme est en fonte ; la face opposée en tôle. La fonte est ondulée, et munie d'ailettes pour augmenter la surface de chauffe et la radiation.

L'intérieur de la caisse (fig. 62 et 63) est divisé par une cloison verticale médiane A. Cette cloison est formée par les parois de deux coffres réunis, et ces coffres sont, eux-mêmes, coupés horizontalement par des cloisons B formant chicanes. Une prise d'air C et une bouche de sortie D s'ouvrent en avant de chaque côté du foyer. L'air froid est aspiré par l'ouverture C, s'échauffe au contact des parois de l'appareil, circule autour des chicanes B, qui le forcent à faire un long parcours et sort finalement par les bouches de chaleur D complètement stérilisé à une température pouvant s'élever à plus de 250 degrés. L'air ainsi stérilisé, peut être évalué de 25 à 74 mètres cubes à l'heure, suivant la dimension de l'appareil.

Le chauffage d'une petite maison ou d'un appartement de trois à quatre pièces d'une capacité de 200 à 240 mètres cubes peut s'effectuer au moyen d'une seule cheminée-calorifère Silbermann fixe, laquelle est à même de répandre dans chaque pièce une quantité d'air chaud suffisante pour obtenir une température moyenne de 16 à 18°, avec une dépense d'environ 15 kilogrammes de charbon.

Ces chiffres sont basés sur les résultats obtenus avec cette cheminée par M. Huet, inspecteur général des Ponts-et-Chaussées ; voici les conclusions de son rapport :

« Si on admet qu'une cheminée brûle en une heure « 1 kil. 5 de houille, elle n'utilisera pour le chauffage « de la pièce où elle est placée que 13 p. 100 de

« 12.000 calories, soit 1.560 calories. En appliquant
« le système Silbermann il y aurait lieu, d'après les
« expériences que nous avons faites, d'y ajouter 3.557
« calories dégagées par les bouches de chaleur de l'ap-
« pareil, ce qui donnerait un total de 5.117 calories,
« portant à 42,6 p. 100 l'utilisation du combustible. »
(*Bulletin de la Société d'Encouragement à l'Industrie
Nationale* de juillet 1902).

Cette augmentation du nombre de calories correspond à une économie de combustible d'au moins 65 p.
100.

La cheminée Silbermann fixe est généralement
employée pour des bâtiments neufs au moment de
leur construction.

L'appareil mobile se place instantanément à l'intérieur de toutes les cheminées existantes sans la moindre transformation. Le modèle courant coûte 49 fr. 75.

L'appareil dit les Jumeaux, figures 64 et 65, est
composé de deux coffres indépendants et creux, formant niche et plaçables à la main sans installation
spéciale de chaque côté de l'intérieur d'une cheminée,
brûlant charbon, coke, bois, etc.

Grilles, chenets, etc., peuvent être placés entre ces
coffres.

L'ouverture du bas permet l'entrée de l'air froid.
Les tiroirs mobiles placés dans les ouvertures du haut
conduisent l'air chaud en dehors de la cheminée. Ces
tiroirs se rentrent dans les coffres pour baisser la
trappe ou pour diminuer l'envoi de chaleur dans la
pièce. Placer le devant des appareils le plus près
possible de la trappe.

Chaque coffre a un pied qui lui permet de rester
debout.

Nous citerons encore les appareils à circulation
d'eau chaude pour cheminées ; tels sont l'appareil de

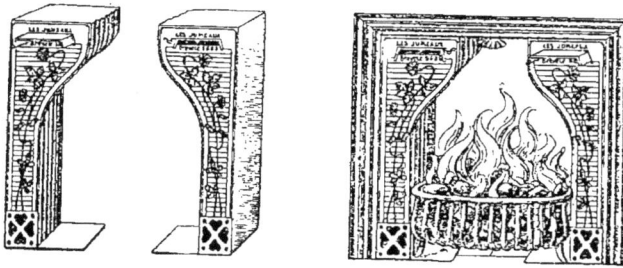

Fig. 64 et 65.

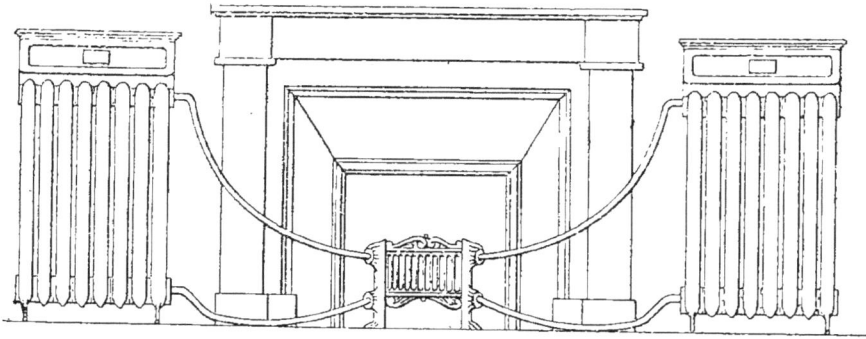

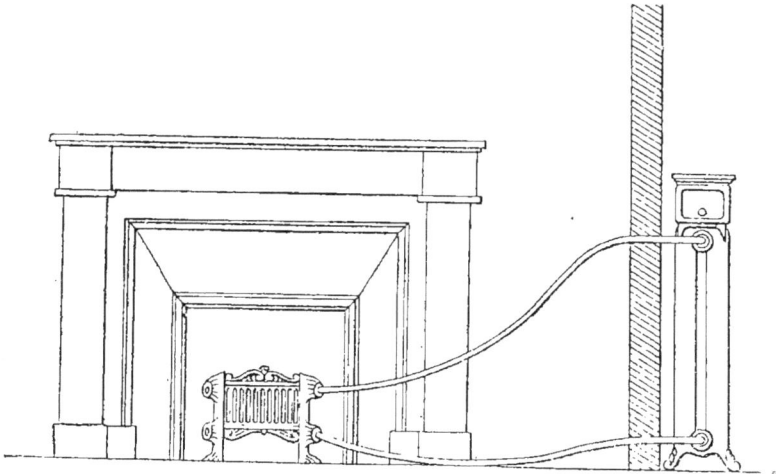

Fig. 66 et 67.

Chaboche et l'appareil appelé *Korrigan*, représenté
par nos gravures 66 et 67 ; ce dernier se compose d'une
coquille s'adaptant à toutes les cheminées ; elle porte
une double enveloppe dans laquelle circule de l'eau.
Les barreaux inférieurs de la grille, formés de tubes
d'acier, contiennent également de l'eau. Cette coquille
est réunie, au moyen de tuyaux flexibles en cuivre
rouge, à un radiateur, surmonté d'un réservoir en
fonte moulée.

Le tout est rempli d'eau par l'orifice supérieur,
muni d'un couvercle qui s'enlève à la main.

Lorsqu'on allume le feu, l'eau contenue dans la
double enveloppe et dans les tubes de la grille s'é-
chauffe, monte par le tuyau supérieur dans le
radiateur où elle se refroidit pour revenir à la
coquille par le tuyau inférieur. Il s'établit alors une
circulation par thermo-siphon et l'ensemble constitue
un véritable calorifère à eau chaude, de petites dimensions, élégant et pratique, permettant d'envoyer la
chaleur dans une pièce voisine ou même à l'étage au-
dessus.

Tous les appareils d'amélioration des anciennes
cheminées sont véritablement pratiques et changent
totalement le rendement calorifique de la cheminée
qui peut alors devenir aussi économique qu'un poêle.

CHAPITRE VIII

POÊLES D'APPARTEMENT

Les poêles sont fixes ou mobiles, on les fait en faïence et terre cuite, en terre réfractaire et tôle ou fonte, ou entièrement métalliques. Un poêle donne un bon rendement calorifique de 70 à 90 p. 100, mais il a l'inconvénient de concentrer la chaleur en un seul point du local à chauffer et de dessécher l'air en ne produisant qu'une faible ventilation ; on remédie à ces inconvénients au moyen de poêles à bouches de chaleur et en y adjoignant un saturateur d'humidité, comme nous en citerons plus loin des exemples.

Il faut que le poêle ait une surface extérieure de un huitième environ de la surface de la pièce à chauffer, ou environ 1 mètre carré de surface totale du foyer (surface de chauffe) par 150 mètres cubes de salle à chauffer.

Les poêles sont à combustion vive ou à combustion lente ; ces derniers sont économiques, mais ils exigent une cheminée tirant bien et ils ventilent peu. Les meilleurs poêles sont ceux munis d'une double enveloppe dans laquelle l'air s'échauffe et sort par des bouches de chaleur. Cet air peut être amené de l'extérieur par un carneau sous le plancher, de façon à renouveler constamment l'air contenu dans le local ; l'air vicié s'échappe par des ventouses disposées vers le plafond.

Réglage de la combustion dans les poêles. — L'activité de la combustion se règle de deux manières : soit par une *vanne* ou *clef* obturant plus ou moins le tuyau du poêle, soit au moyen d'un registre d'admission d'air au-dessous de la grille où s'opère la combustion. Cette deuxième manière est infiniment préférable à la première : il est, en effet, nécessaire que le conduit de fumée reste toujours entièrement ouvert pour évacuer les gaz délétères engendrés par la combustion ; et, à plus forte raison, au moment où le poêle marche à combustion lente, en dégageant beaucoup *d'oxyde de carbone* (gaz éminemment toxique) il faut qu'il y ait une large issue par le tuyau de fumée.

On devra donc toujours régler la combustion d'un poêle en diminuant plus ou moins l'admission d'air et supprimer les clefs ou vannes sur les tuyaux de fumée.

Installation des poêles (voir planche 68). — Pour qu'un poêle quelconque fonctionne bien, il est nécessaire qu'il soit en communication directe avec une cheminée ou un tuyau de cheminée ayant un bon tirage. Pour avoir un bon tirage, celle-ci doit s'élever aussi haut que le faîte le plus élevé de la maison ou bâtiment et arbres adjacents.

Les cheminées verticales sont les meilleures. Les tuyaux horizontaux et les coudes doivent être évités autant que faire se peut.

La meilleure manière de poser les poêles est d'amener le tuyau directement dans une bonne cheminée en maçonnerie, dont toutes les ouvertures sont her-

Figure 1

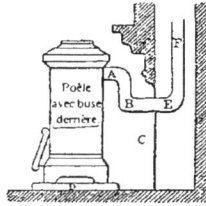

Figure 2

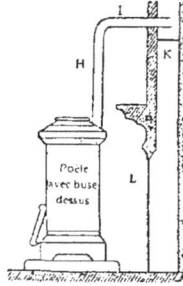

Figure 3

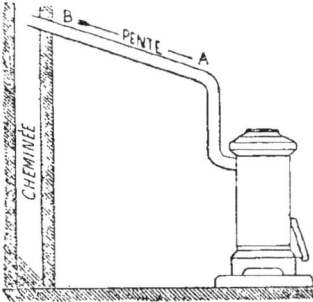

Figure 4

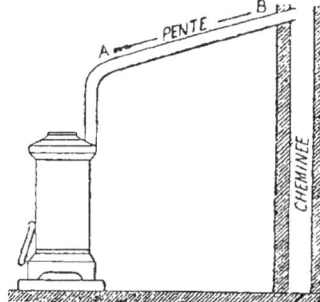

Figure 5

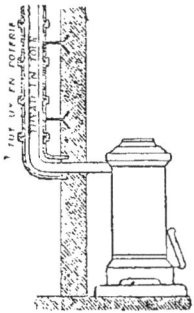

Figure 6

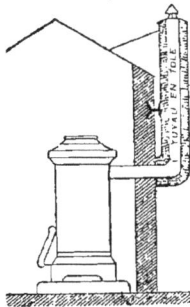

Figure 7

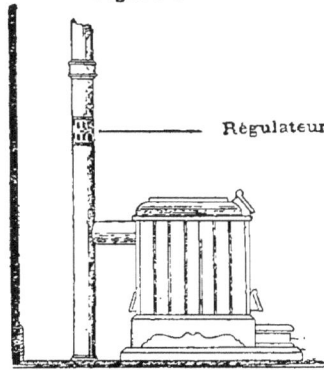

Fig. 8. — Régulateur

Planche 68.

métiquement closes à l'air, sauf celle qui sert directement au poêle. La cheminée devra être exclusivement affectée à l'usage du poêle.

Pose devant les cheminées. — Les cheminées, à Paris, n'ayant ordinairement que 50 centimètres de hauteur, et le départ de fumée des poêles étant un peu plus élevé, il est nécessaire, dans ce cas, de mettre deux coudes en forme d'S comme le montre la figure 1, planche 68 en A et B.

Le tablier de la cheminée étant relevé, on bouche alors l'ouverture de la cheminée par une plaque en tôle C, comme indiqué sur la figure 1, planche 68.

Lorsque le tirage d'une cheminée est faible, il est quelquefois nécessaire, pour y remédier, d'ajouter un troisième coude, marqué en E, et même de faire remonter une certaine longueur de tuyau dans la cheminée, comme indiqué en F sur la figure 2.

Quand on fait monter les tuyaux perpendiculairement pour les faire entrer dans la cheminée, comme marqué en H et I, figure 3, il faut néanmoins boucher la cheminée, comme indiqué sur la figure 3, en K ou en L.

Pose avec des tuyaux. — Figures 4 et 5. Quand il y a une certaine longueur de tuyaux horizontaux, il faut toujours donner une pente en A vers B, pour faciliter le tirage, comme indiqué aux figures 4 et 5.

Figures 6 et 7. Quand on fait sortir les tuyaux à l'extérieur de la maison, il faut faire usage de tuyaux en poterie (voir pl. 68), ou recouvrir le tuyau d'un deuxième tuyau en tôle, comme indiqué figure 7. Sans cette précaution, le froid agissant sur le tuyau extérieur empêchera le tirage pendant les grands froids, et cela au moment où on a le plus besoin de chaleur. Autant que possible, il vaut mieux faire monter les tuyaux à l'intérieur de la maison.

Régulateur de tirage (fig. 8). — Ces régulateurs, qui s'ouvrent et se ferment à volonté, se placent sur un tuyau ou un coude. Dans le cas de tirage excessif, ces articles présentent tous les avantages des clefs de réglage sans en avoir les inconvénients.

Prise d'air frais. — Certains modèles de poêles sont spécialement adaptés pour recevoir du dehors, au besoin, une prise d'air frais, pour ventilation, etc.

Si on le désire, on peut ajouter une pièce de raccord à clef pour mettre le poêle en communication avec le tuyau d'air frais. Il est utile de dire qu'il n'est pas absolument nécessaire d'amener un apport d'air frais, mais que c'est un moyen de ventilation très bon, très simple et sans courant d'air.

Socles. — Toutes les fois qu'un poêle devra être posé sur un parquet de bois, on y placera une plaque en tôle épaisse ou en ardoise, un socle en fonte ou une dalle de pierre ou de marbre.

Puissance de chauffe. — La puissance approximative de chauffe est indiquée pour chaque poêle dans le catalogue du constructeur. Ces chiffres s'entendent pour un poêle brûlant jour et nuit dans une chambre d'une maison de rapport parisienne, dont les pièces (bien closes et avec un vitrage normal) sont munies de rideaux, tapis, etc. Quand il s'agit d'une pièce ayant un vitrage spécial (atelier d'artiste ou de photographe, grand magasin, serre, jardin d'hiver, etc.) il est utile d'indiquer : 1º le cube de la pièce ; 2º les surfaces vitrées en mètres superficiels ; 3º la température que l'on voudrait obtenir. La même observation s'applique aux pièces exposées au nord ou en angle ou dans les pays froids, etc., qui nécessitent un chauffage supplémentaire.

Pour les appartements, l'important est que l'emplacement du poêle soit bien central.

Pour les maisons particulières, un moyen de chauffage simple et excellent sera de placer un poêle dans l'antichambre ou à l'entrée au pied de l'escalier ; on peut ainsi chauffer les étages supérieurs, et même tempérer et sécher le rez-de-chausssée si les portes de communication sont assez grandes.

En calculant le cube à chauffer d'un escalier, vestibule ou d'un couloir, il est prudent d'y comprendre toute pièce ouvrant sur ceux-ci, vu qu'une partie de la chaleur ira chauffer toutes les pièces laissées ouvertes. Si l'on désire surtout chauffer les pièces du rez-de-chaussée, le vestibule et quelques pièces au premier, employer un calorifère de cave tel qu'il est représenté figure 84.

Poêles à tirage renversé. — Quand on désire placer le poêle au milieu d'un local et qu'on ne veut ou ne peut pas mettre un tuyau au-dessus du poêle, on fait le tuyau de fumée sous le plancher en C, comme le montre les figures 69 et 70, ce tuyau de fumée horizontal se raccorde au conduit de fumée vertical placé dans un mur. L'air extérieur peut être amené par une ventouse A aussi sous le plancher. Quand on allume le poêle, il est nécessaire d'établir un premier appel de fumée dans la cheminée verticale, ce que l'on fait en brûlant une torche de papier dans une porte P pratiquée au bas de la cheminée verticale. Cette porte sert aussi pour le ramonage (fig. 70).

Poêles en faïence et terre réfractaire. — L'enveloppe extérieure du poêle est en plaques épaisses de faïence cerclées de cuivre et cimentées de terre à four ; le foyer est en briques de terre réfractaire ou en fonte, avec grille s'il faut brûler du charbon ou du coke.

La figure 71 montre un poêle en faïence perfectionné par Doulton dans lequel la fumée circule autour de *chicanes* et d'un tube d'air G formant bouche de cha-

leur en haut du poêle ; l'air frais arrive du dehors par
N ou L dans le partie inférieure du poêle.

La figure 72 est un poêle en terre réfractaire com-

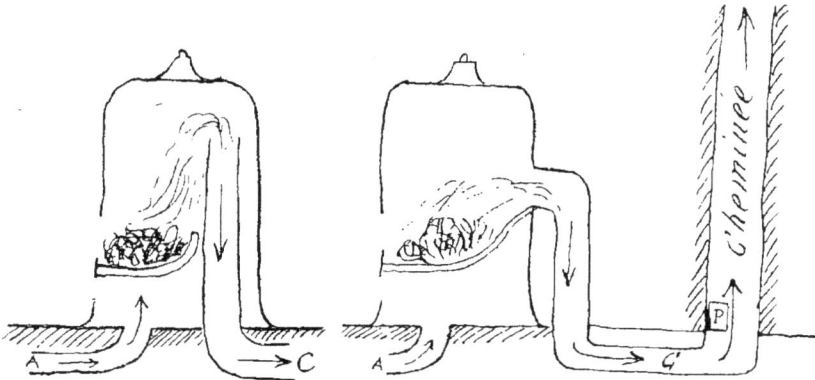

Fig. 69 et 70. — Ce système, employé pour les poêles calorifères, est
aussi désigné sous le nom de *fumée plongeante*.

portant une double enveloppe formant bouches de
chaleur ; dans l'intérieur de cette double enveloppe est
un réservoir circulaire d'eau, E, que l'on remplit par
un entonnoir extérieur O ; cette eau humidifie l'air
qui sort du poêle pour ventiler l'appartement.

La figure 73 montre un poêle-cheminée en faïence
avec coquille en fonte et four au-dessus ; cet appareil
est muni de bouches de chaleur ; on le place généralement dans les salles à manger où il prend peu de place,
le foyer étant contenu dans l'épaisseur du mur ; la
saillie de la faïence n'est que de 15 centimètres environ à l'extérieur. Ces poêles-cheminées alimentés par
une prise d'air sur la façade du bâtiment chauffent et
ventilent bien. Ils doivent être installés et maçonnés
dans le mur même de l'immeuble à côté du conduit de
fumée qui les dessert.

Poêles métalliques. — La figure 75 montre un poêle
en fonte avec grille, d'un modèle très ordinaire appelé

Lyonnais ou *marmite* ; c'est une simple enveloppe en fonte avec grille. Ce poêle chauffe vite et énergiquement, mais la fonte devient rouge et laisse passer l'oxyde de carbone, l'air se dessèche sans se renouveler et il en résulte un mode de chauffage peu hygiénique. La figure 76 montre un modèle simple de poêle en

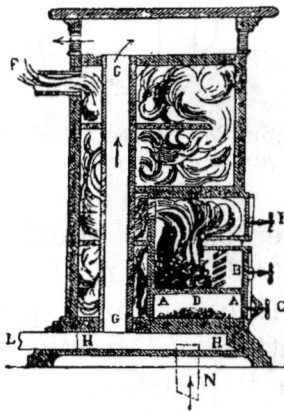
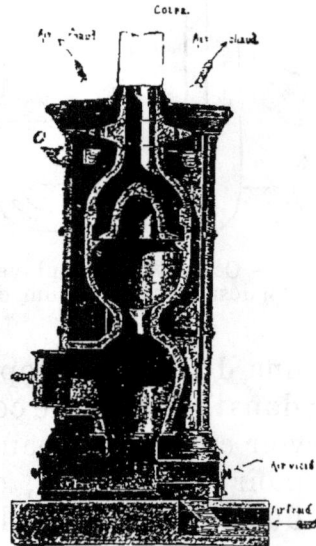

Fig. 71.   Fig. 72.

fonte servant en même temps au chauffage et à la cuisson des aliments.

La figure 74 est un poêle en fonte à simple enveloppe, mais une circulation d'air est aménagée au-dessus du foyer ce qui empêche l'échauffement aussi considérable de la fonte.

Les figures 77 et 78 montrent les poêles perfectionnés Musgrave avec foyer en terre réfractaire et double enveloppe de circulation d'air ; ces poêles se font à

volonté à feu visible avec porte garnie de plaques de
mica incombustibles.

Less figures 79 et 80 montrent le poêle-calorifère

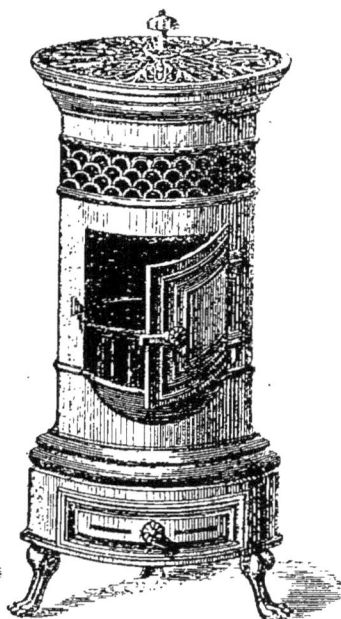

Fig. 73.   Fig. 74.

Phénix à double enveloppe de circulation d'air et à
magasin central de combustible qui se charge par le
haut ; la figure 81 est un poêle Phare américain à feu
visible, lent et continu, tout en fonte noire, avec appli-
ques et garnitures nickelées, foyer circulaire garni de
mica tout autour, tirage réglage pouvant être installé
avec n'importe qu'elle cheminée ou gaîne à bon tirage,
buse derrière ou renversée.

Ces sortes de poêles-calorifères chauffent jusqu'à
400 mètres cubes.

Enfin les figures 82 et 83 montrent de grands poêles
calorifères (Musgrave et Luxembourgeois) dont le

pourtour est garni d'ailettes pour augmenter la surface radiante ; ces instruments s'emploient pour chauffer les grands locaux : églises, mairies, salles de réunion, etc. On les installe souvent dans une fosse recouverte d'une grille, au centre du local à chauffer, comme le

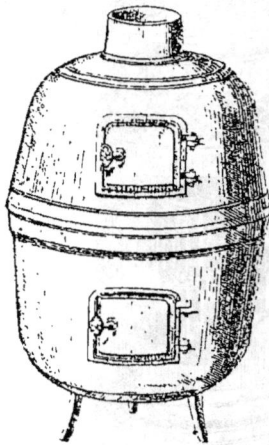

Fig. 75.   Fig. 76.

montre la figure 84 ; en ce cas, une prise d'air venant de l'extérieur alimente le calorifère et renouvelle l'air de la salle.

La figure 87 est un poêle à double enveloppe dans laquelle se trouve des tubes verticaux i pour la circulation d'air ; le chargement de combustible se fait par le haut et l'orifice est fermé par un couvercle avec *joint à sable* empêchant toute sortie de gaz délétères. Du même genre est le poêle Besson, tubulaire, représenté par les figures 85 et 86 ; un modèle spécial de ce poêle permet de chauffer plusieurs pièces au moyen de tuyaux conduisant l'air chaud qui sort du poêle, ainsi que le montre la figure 88 .

Ces poêles comportent une assez grande réserve de

combustible, ce qui permet de ne les charger que une ou deux fois par 24 heures.

Poêles mobiles. — Les poêles et cheminées mobiles

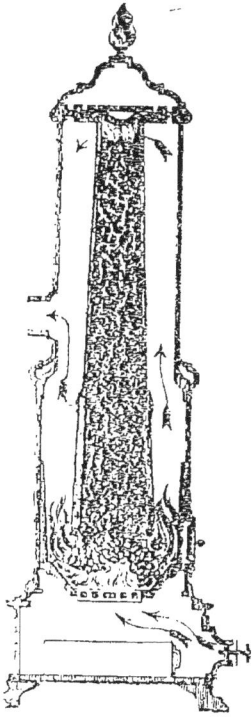
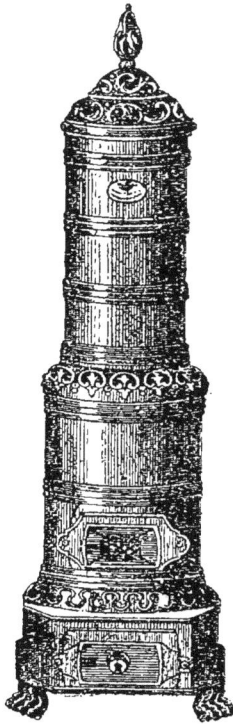
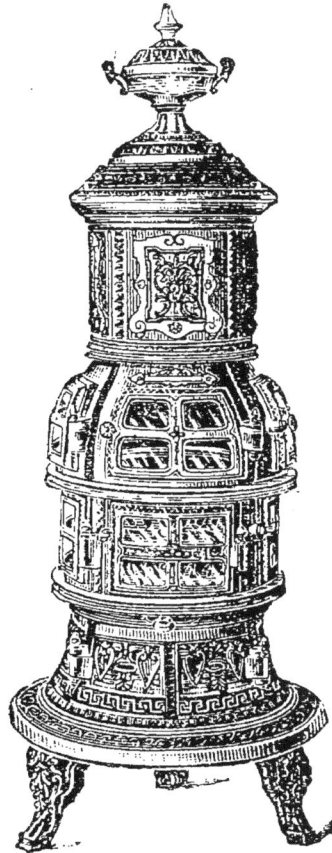

Fig. 79.　　　　Fig. 80.　　　　Fig. 81.

représentés par les gravures 89 et 90 sont des appareils à combustion lente et à magasin de combustible montés sur des roulettes en fonte qui permettent de les transporter instantanément d'une pièce à une autre, selon les besoins du moment. Cette facilité de déplacement des poêles mobiles fut cause d'un grand

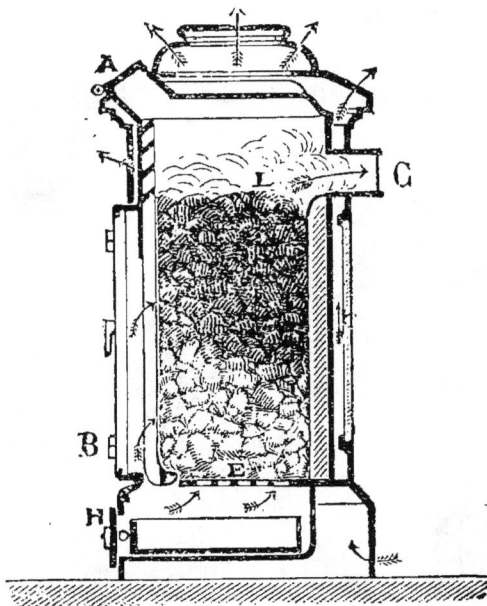

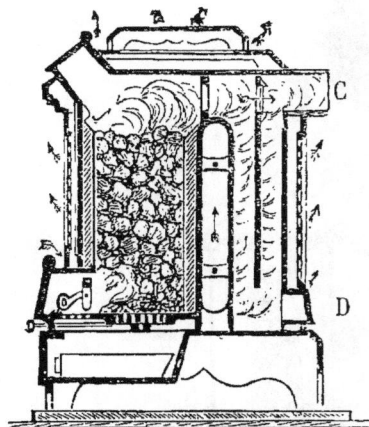

Poêle carré à double enveloppe à
circulation d'air et à feu visible.

Fig. 77.

Poêle rectangulaire à double
enveloppe (sans feu visible)
à buse derrière, à renver-
sement de fumée et à cir-
culation d'air.

Fig. 78.

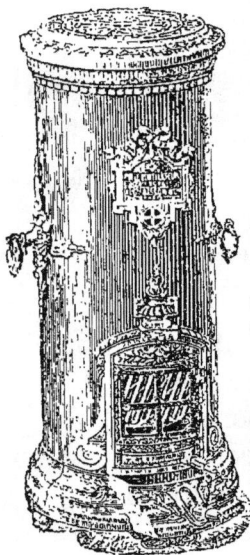

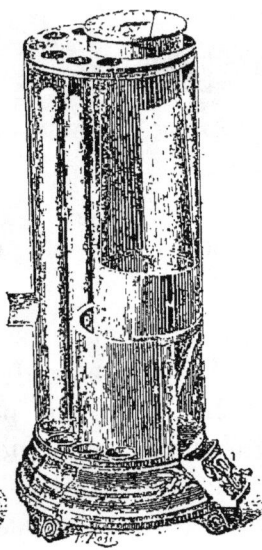

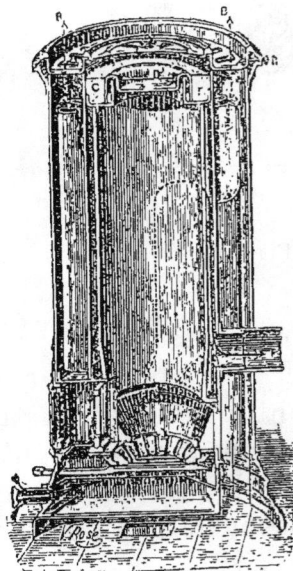

Fig. 85.   Fig. 86.   Fig. 87.

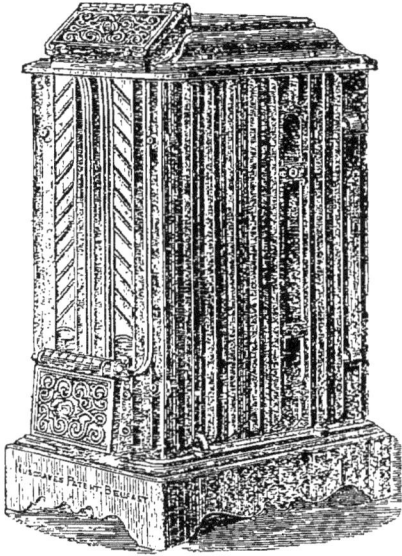

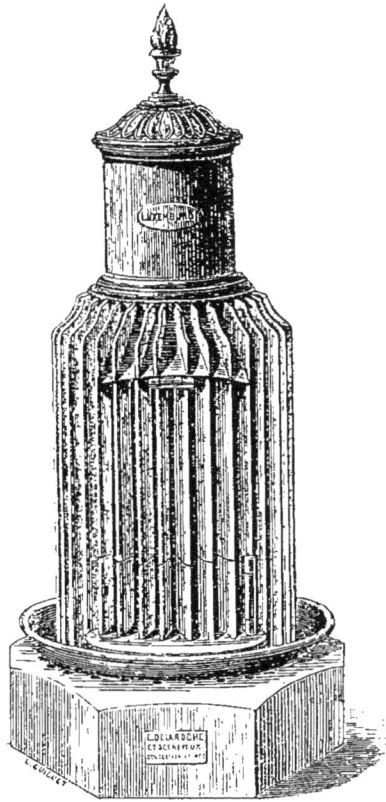

Fig. 82.   Fig. 83.

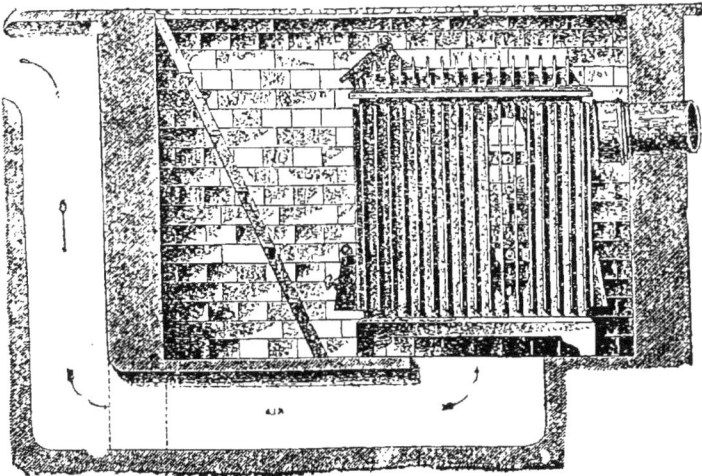

Fig. 84.   6

Fig. 88. — Chauffage d'un appartement par un poêle Besson
à circulation d'air.

nombre d'accidents d'asphyxie, graves et même souvent mortels : en effet, le poêle ou la cheminée mobile

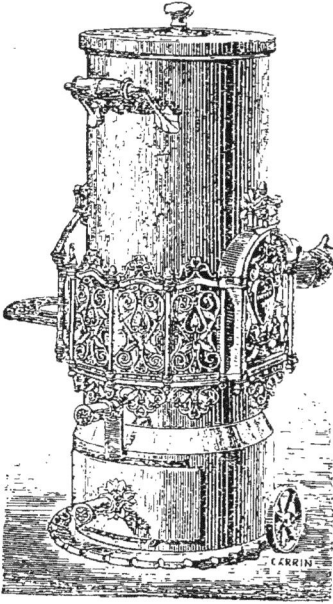

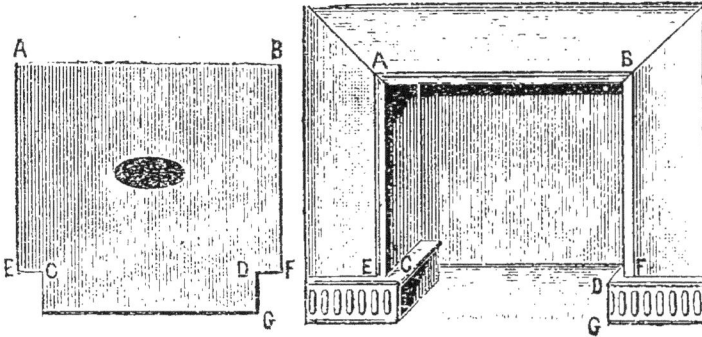

Fig. 89, 90 et 91.

se placent devant une cheminée de marbre de façon
que la *buse* du poêle mobile s'engage profondément
dans l'orifice d'une plaque de tôle A B C D qui doit

fermer hermétiquement l'orifice de la cheminée fixe (fig. 91).

Si ces conditions sont bien remplies et que la cheminée ait un bon tirage, il n'y a pas d'accident possible, les gaz délétères de la combustion lente (oxyde de carbone, principalement) étant entraînés dans le conduit de fumée ; mais si la buse du poêle mobile est mal engagée dans la plaque de tôle, ou que le tirage de la cheminée soit insuffisant, l'oxyde de carbone s'échappe dans le local habité et en empoisonne rapidement les hôtes.

Les poêles et cheminées mobiles se chauffent à l'anthracite ou au coke ; ils ne font pas de fumée et il est difficile de s'apercevoir d'un mauvais tirage ou d'une fuite de gaz délétère. Autrement, ces appareils sont commodes et économiques, ils ne se chargent qu'une ou deux fois par jour ; le tout est de veiller à leur bonne installation.

Les figures 92 et 93 montrent les constructions et le magasin de combustible d'un poêle mobile ; ces poêles ne doivent se régler que par admission d'air au moyen d'un registre placé sous la grille ; le décrassage de la grille se fait avec un mécanisme de barreaux mobiles que l'on agite par une poignée extérieure.

Chauffage des habitations. — *Instruction du Conseil d'hygiène publique et de salubrité du département de la Seine, du 29 mars 1889, sur le mode de chauffage des habitations à Paris.*

1º Les combustibles destinés au chauffage et à la cuisson des aliments ne doivent être brûlés que dans les cheminées, poêles et fourneaux qui ont une communication directe avec l'air extérieur, même lorsque le combustible ne donne pas de fumée. Le coke, la braise et les diverses sortes de charbon qui se trouvent dans ce dernier cas, sont considérées à tort, par beaucoup de personnes, comme pouvant être brûlés impunément à découvert dans une chambre abritée. C'est là un des préjugés les plus fâcheux ; il donne lieu, tous les jours, aux accidents les plus graves, quelquefois même il devient cause de mort. Aussi doit-

on *proscrire l'usage des braseros, des poêles et des calorifères por-*
tatifs de tout genre qui n'ont pas de tuyaux d'échappement au de-
hors. Les gaz qui sont produits pendant la combustion par ces
moyens de chauffage, et qui se répandent dans l'appartement,
sont beaucoup plus nuisibles que la fumée de bois.

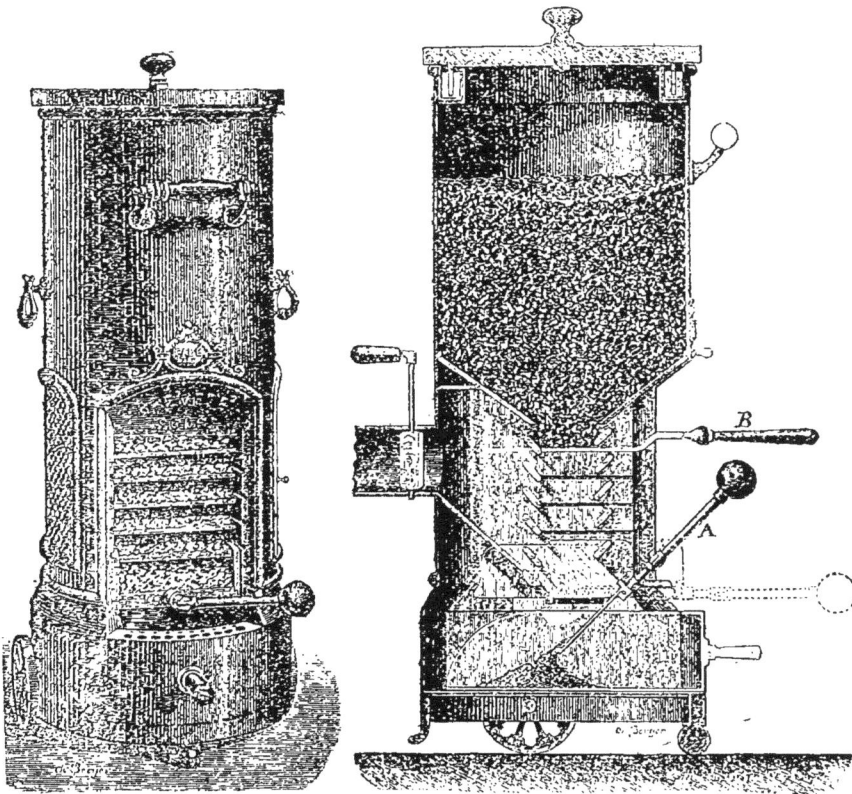

Fig. 92 et 93. — Poêle mobile Cadé.

2º On ne saurait trop s'élever contre la pratique dangereuse
de fermer complètement la clef d'un poêle ou la trappe intérieure d'une cheminée qui tient encore de la braise allumée. C'est
là une des causes d'asphyxie les plus communes. On conserve,
il est vrai, la chaleur dans la chambre, mais c'est aux dépens
de la santé et quelquefois de la vie.

3º Il y a lieu de proscrire formellement l'emploi des appareils
et poêles économiques à faible tirage, dits « poêles mobiles »,
dans les chambres à coucher et dans les pièces adjacentes.

4º L'emploi de ces appareils est dangereux, dans toutes les

pièces dans lesquelles des personnes se tiennent d'une façon permanente et dont la ventilation n'est pas largement assurée par des orifices constamment et directement ouverts à l'air libre.

5° Dans tous les cas, le tirage doit être convenablement garanti par des tuyaux ou cheminées présentant une section et une hauteur suffisantes, complètement étanches, ne présentant aucune fissure ou communication avec les appartements contigus et débouchant au-dessus des fenêtres voisines. Il est indispensable à cet effet, avant de faire fonctionner le poêle mobile, de vérifier l'isolement absolu des tuyaux ou cheminées qui le desservent.

6° Il ne suffit pas que les poêles portatifs soient munis d'un bout de tuyau destiné à être simplement engagé sous la cheminée de la pièce à chauffer. Il faut que cette cheminée ait un tirage convenable.

7° Il importe, pour l'emploi de semblables appareils, de vérifier préalablement l'état de tirage, par exemple à l'aide de papier enflammé. Si l'ouverture momentanée d'une communication avec l'extérieur ne lui donne pas l'activité nécessaire, on fera directement un peu de feu dans la cheminée avant d'y adapter le poêle, ou, au moins, avant d'abandonner ce poêle à lui-même. Il sera bon d'ailleurs, dans le même cas, de tenir le poêle un certain temps en grande marche (avec la plus grande ouverture du régulateur.)

8° On prendra scrupuleusement ces précautions chaque fois que l'on déplacera un poêle mobile.

9° On se tiendra en garde, principalement dans le cas où le poêle est en petite marche, contre les perturbations atmosphériques qui pourraient venir paralyser le tirage et même déterminer un refoulement de gaz à l'intérieur de la pièce. Il est utile, à cet effet, que les cheminées ou tuyaux qui desservent le poêle soient munis d'appareils sensibles indiquant que le tirage s'effectue dans le sens normal.

10° Les orifices de chargement doivent être clos d'une façon hermétique et il est nécessaire de ventiler largement le local chaque fois qu'il vient d'être procédé à un nouveau chargement de combustible.

CHAPITRE IX

CHAUFFAGE DES CUISINES
ACCESSOIRES DE FUMISTERIE

Les fourneaux de cuisine s'installent généralement sous une *hotte* en tôle, ou, mieux, en pigeonnage de plâtre, soutenue par une armature en fer scellée dans les murs ou avec des consoles en maçonnerie, comme le montre la figure 94. Cette hotte aboutit en haut au conduit de fumée dans le mur et peut servir à la ventilation de la cuisine au moyen de ventouses et d'un appel d'air vicié, comme on le voit sur notre gravure.

Les figures suivantes montrent divers appareils pour cuisines :

95 est fourneau Bécuve avec four ;

96 un fourneau sur pieds avec 2 fours et, à droite, deux réchauds à charbon de bois ;

97 est un fourneau flamand ;

98 un foyer pour buanderie ou lessiveuse ;

99 est un fourneau pour cuisine bourgeoise avec, à gauche, un réservoir d'eau chaude, *bouillotte* ou *chaudière* ;

100 est un fourneau pour hôtels ou restaurants avec bouillotte et grilloir (à gauche); ces appareils se cons-

truisent en très grandes dimensions et se placent quelquefois au milieu de la cuisine, avec un conduit de
fumée à tirage renversé, comme le montre la figure 100 *bis*.

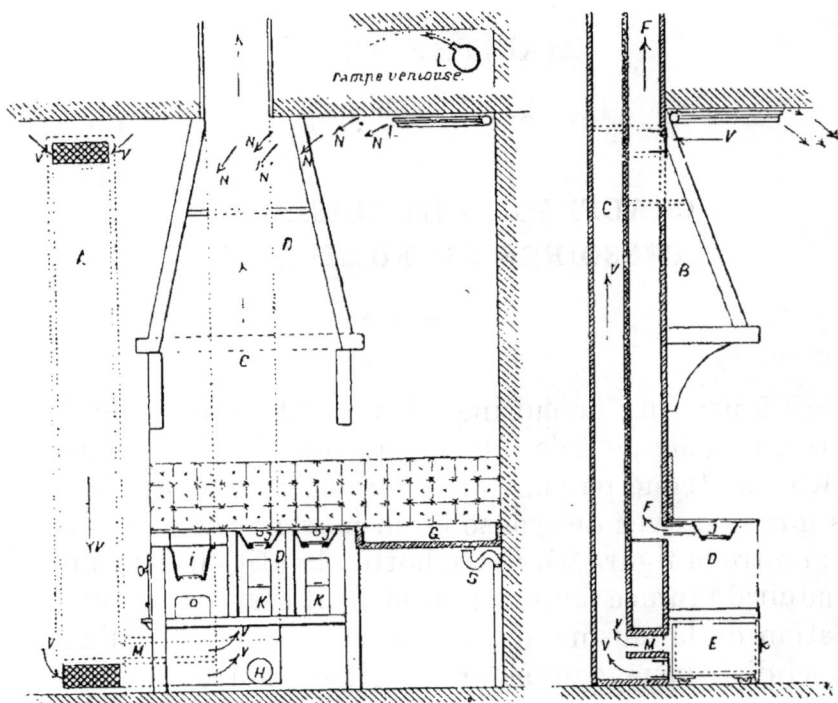

Fig. 94.

Accessoires de fumisterie. — Les figures suivantes
montrent :

101. Tuyau de poêle en tôle agrafée, noire ou galvanisée (1 fr. 75 le mètre).

102. Coudes en tôle plissée (1 franc et 1 fr. 50 pièce),
d'équerre ou à 45 degrés.

103. Coude avec porte de ramonage (1 fr. 25).

104. Virole-embase pour garnir l'orifice du tuyau
de fumée dans le mur.

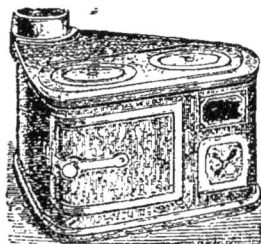

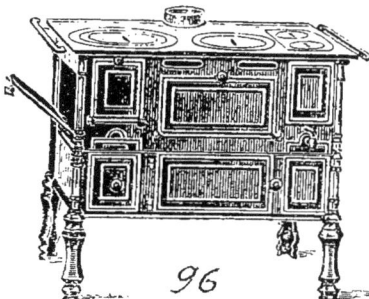

95

96

97

98

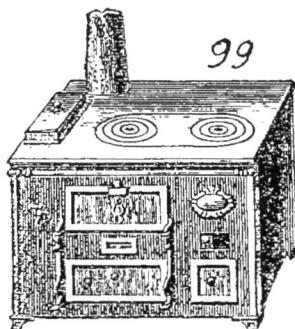

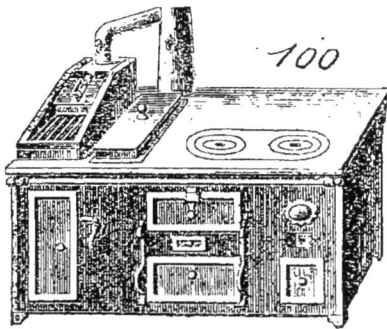

99

100

Fig. 95 à 100

105. Tampon pour boucher cet orifice quand on démonte les tuyaux du poêle.

106. Porte à glissière pour ventilation.

107 et 108. Grilles de ventouses de prise d'air et de bouches de chaleur.

109. Clés pour réglage des tuyaux de fumée.

110. Tête de cheminée avec chapeau contre la pluie.

111. Tête de cheminée avec grille pare-flammèches et porte de ramonage.

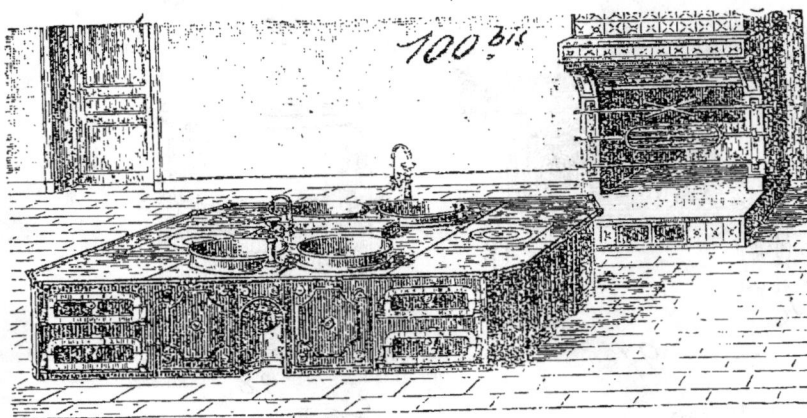

112. Tête de cheminée tourne-au-vent, assurant le tirage malgré le vent contraire.

113. Porte de ramonage se plaçant en bas des conduits de fumée dans les murs.

114 et 115. Appareils de ramonage pour conduits de fumée (brosses en lames d'acier).

116. Appareil de ramonage pour tuyaux de poêles (brosse en chiendent ou tampico).

101

102

103

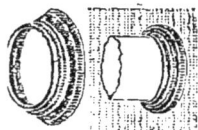

104

105

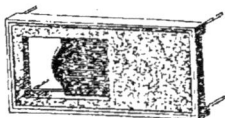

106

107

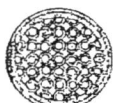

108

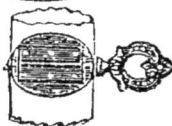

109

110

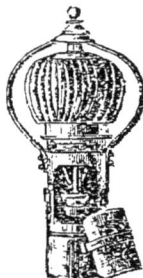

111

112

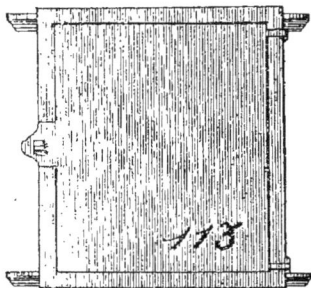

113

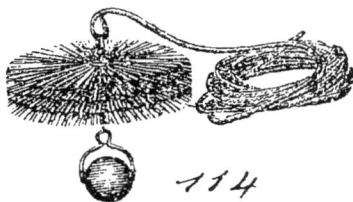

114

115

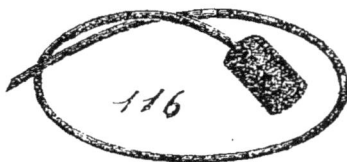

116

CHAPITRE X

CHAUFFAGE A L'AIR CHAUD PAR CALORIFÈRES
DE CAVE

Un calorifère de cave se compose d'un calorifère à grande surface chauffante, enfermé dans une enveloppe en maçonnerie de briques appelée *chambre de chaleur*. L'air extérieur est amené par une large prise d'air dans cette chambre de chaleur où il s'échauffe fortement ; de là il est conduit dans les chambres par des tuyauteries de grande section dans lesquelles il s'élève, par suite de la densité plus faible que celle de l'air ambiant plus froid ; la prise d'air se place généralement au Nord, elle doit être toujours à un niveau inférieur à celui de la plus basse bouche de chaleur.

La *surface de grille* du calorifère se calcule en supposant qu'on brûle 60 kilogrammes de charbon par mètre carré de grille et par heure et que ce charbon dégage 5.000 calories par kilogramme : Q étant le nombre de calories dont on a besoin par heure, la surface de grille $S = \dfrac{5000 \times 60}{Q}$.

Si l'on chauffe au bois, à la tannée ou à la tourbe, il faut multiplier ce résultat par 1,5.

M. Planat indique ainsi le calcul de la surface de chauffe :

« Dans la cloche du calorifère, la fumée est beaucoup plus chaude que dans les tuyaux ; l'air qui est en contact avec cette cloche est plus froide que l'air qui est en contact avec les tuyaux ; il s'ensuit que la transmission de chaleur est beaucoup plus grande aux environs de la cloche qu'à l'extrémité des tuyaux. L'expérience a montré qu'on peut admettre, en moyenne et sur l'ensemble, que, dans les calorifères en fonte, il passe 3.000 calories par heure et par mètre carré de surface de chauffe de la fumée à l'air. Puisqu'il faut fournir un nombre M de calories à l'air, la surface de chauffe (cloche et tuyaux) doit être égale à $\dfrac{Q}{3.000}$.

« Lorsqu'on emploie des surfaces métalliques armées de nervures, on doit compter celles-ci comme transmettant une fois et demie autant de chaleur que la surface lisse sur laquelle sont implantées les nervures. Une surface armée de nervures et représentée par 2 joue donc le même rôle qu'une surface lisse représentée par 3.

« Dans les calorifères céramiques, en terre réfractaire, l'échange de chaleur n'est plus que de 700 calories, la surface de chauffe (cloche et carneaux) doit donc être égale à $\dfrac{Q}{700}$.

« Les dimensions ainsi obtenues sont des minima qu'on doit toujours dépasser le plus possible, car l'appareil doit avoir un excès de température pour parer aux froids exceptionnels, pour échauffer, sans trop de perte de temps, une pièce froide, etc. »

La surface de la section du conduit de fumée est donnée par la formule

$$S = \frac{P}{70 \sqrt{H}}$$

P étant le poids de houille brûlé par heure et H la hauteur totale du conduit de fumée. On augmente le résultat donné par cette formule de 3 à 4 centimètres sur tout le pourtour à cause de la formation de la suie

qui diminue la section utile du conduit de fumée.
Dans le cas où l'on brûle du bois ou de la tourbe, on
multiplie ce résultat par 1,5.

Au départ du calorifère, le conduit de fumée ainsi
que les conduits d'air chaud sont munis de clefs d'arrêt et de réglage.

Dans la chambre de chaleur on dispose un récipient
constamment alimenté d'eau par un flotteur, afin
d'humidifier l'air chaud.

Entre le calorifère et les parois de la chambre de
chaleur doit exister un espace de 0 m. 50 permettant
à un homme de faire au besoin les réparations ; un
trou d'homme est ménagé à cet effet dans la paroi de
la chambre de chaleur. Cette paroi est épaisse ou
même double, pour éviter les déperditions de chaleur
dans la cave.

Voici les conseils que donne la maison Musgrave
pour l'établissement des calorifères de cave :

On amène l'air du dehors (de façon à donner de l'air pur convenablement **chauffé**) par un conduit en briques ou en ciment qui doit aboutir sous l'appareil, conduit qui doit être muni
d'une grille pour empêcher l'entrée des souris, oiseaux, etc.

*Pour assurer un bon chauffage au moyen d'un calorifère de
cave.* — 1° On placera le calorifère dans un emplacement bien
central ; on fera sortir tous les conduits de chaleur du sommet
de la chambre en briques.

2° On raccourcira, autant que faire se pourra, les conduits
d'air chaud ; on leur donnera une bonne pente minimum 5
centimètres par mètre. Ces conduits seront en poteries Gourlier, en fer ou en fonte (ou au besoin en tôle forte) et seront
recouverts d'une couche de plâtre très épaisse, surtout avec les
conduits en fer ou tôle.

3° Les bouches de chaleur doivent avoir une superficie bien
supérieure à la section des conduits d'air chaud (disons le
double pour les bouches de parquets à persiennes ou à patins).

4° Si la grille d'entrée d'air froid est en fonte, elle devra
avoir une superficie double de la section des conduits d'air
frais. Si cette grille est en fil de fer, cela n'est pas nécessaire

Il est désirable de placer une glissoire, et cela près du calorifère si possible, pour régler à volonté l'entrée de l'air froid. Pour

assurer un courant d'air chaud régulier dans tous les conduits pendant les variations de l'atmosphère, il est utile d'employer deux conduits d'air frais, quand c'est possible, et de les placer un de chaque côté du bâtiment.

5º La section de conduit d'air frais doit être égale au total des sections réunies des conduits d'air chaud, ainsi, 5 conduits d'air chaud de chacun 20 × 20 cm. supposent un conduit d'air frais de 20 cm × 1 m. ou 40 × 50 cm.

6º La cheminée doit avoir un bon tirage. Dans les cas où le tirage serait trop fort, on pourra utiliser une clé fermant à 3/4.

7º Si le tirage est suffisant, l'adaptation d'un serpentin accroîtra la puissance de chauffe.

Ajoutons que la prise d'air doit être placée à l'abri des poussières et balayures, verticale si possible ou alors garnie d'un *filtre à air* en étoffe pelucheuse facile à démonter et à nettoyer.

Ordonnance de Police du 1ᵉʳ septembre 1888.

TITRE-IV. — CONDUITS ET TUYAUX DE CHALEUR
DES CALORIFÈRES

ART. 24.— Dans la traversée du rez-de-chaussée et des étages, les conduits de chaleur des calorifères à air chaud et à feu direct devront être établis dans les mêmes conditions que les tuyaux de fumée.

Cependant, les conduits pourront être en métal, à la condition d'être recouverts d'un enduit en plâtre d'au moins 0 m. 08 ou de toute autre matière incombustible, non conductrice de la chaleur et d'une épaisseur suffisante pour éviter tout danger d'incendie.

Les bouches de chaleur encastrées dans les parquets, les plinthes ou les bois de menuiserie auront un encadrement incombustible d'au moins 0 m. 04 de largeur, scellé sur un massif en plâtre ou en toute autre matière incombustible, se raccordant avec les parois intérieures et extérieures du conduit de chaleur qui les dessert.

Les conduits d'air chaud se suspendent aux plafonds ou voûtes des caves, au moyen d'étriers en fer et on les soutient par des barres de fer et des cornières longitudinales, comme le montre la figure 117 ; dans les épaisseurs des planchers ou des murs, on les isole au moyen de béton de mâchefer (fig. 118) et de plâtre, ou avec des briques creuses comme sur la figure 119. On peut encore entourer ces conduits de matières calorifuges, briques de liège ou autres.

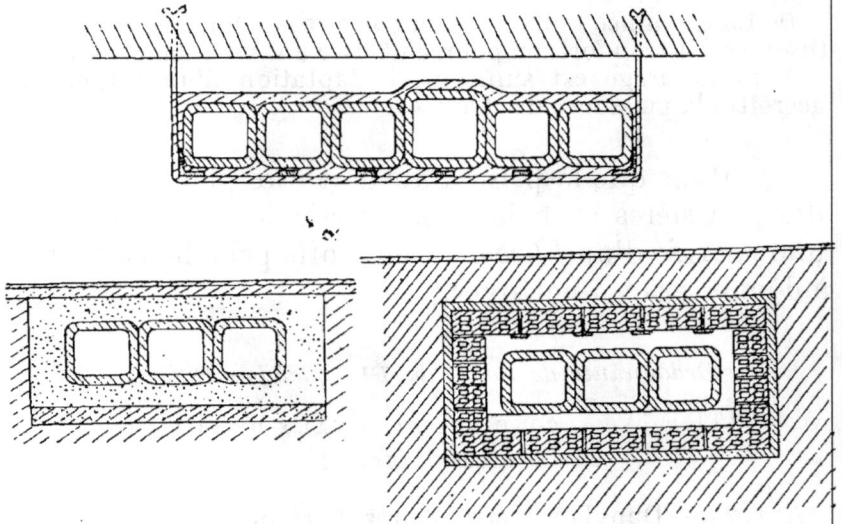

Fig. 117 à 119.

Les conduits d'air chaud aboutissent à des *bouches de chaleur* fermées par une grille et munies de divers dispositifs permettant de les ouvrir plus ou moins ou de les fermer (trappes, coulisses, volets à persiennes, etc.), fig. 120. Ces bouches de chaleur sont verticales au niveau des plinthes ou horizontales dans le parquet.

La planche 121 montre l'installation d'un calorifère à air chaud dans un immeuble parisien :

La fumée du calorifère T est évacuée par un tuyau qui se continue en X jusqu'au faîte de la maison.

L'air frais amené par la conduite P s'échauffe au contact des parois du calorifère et se distribue aux différents étages par l'intermédiaire de carneaux horizontaux courant sous le plafond des caves et de conduits verticaux adossés aux murs, ou mieux, placés dans l'intérieur des murs de refend.

Dans ce bâtiment, le calorifère chauffe les pièces suivantes : au rez-de-chaussée, la cage d'escalier,

Fig. 120.

l'antichambre, la salle à manger de l'appartement et le grand salon ; aux cinq étages, les antichambres, les salles à manger, les grands salons et les grandes chambres adossées.

En examinant le plan des caves, on voit que des conduites de distribution de chaleur partent du calorifère et rayonnent dans différentes directions.

Celles qui sont situées près du calorifère, en S, S' et S'' amènent l'air chaud aux bouches des antichambres ; la conduite S mène au rez-de-chaussée, celle S' sert pour les antichambres des 1er et 3e étages, et la conduite S'' pour les 2e, 4e et 5e étages. Il y a trois conduites différentes parce que les bouches de chaleur ne se trouvent pas toutes situées sur la même verticale.

La conduite U amène l'air chaud aux salles à manger et la conduite Y aux chambres des appartements. La conduite V se dirige vers la cage d'escalier.

Ces carneaux de distribution n'ont évidemment pas tous la même section ; celle-ci varie avec l'impor-

7

tance des pièces à chauffer. Ainsi, dans la maison qui nous occupe, le carneau Y a une grande section parce

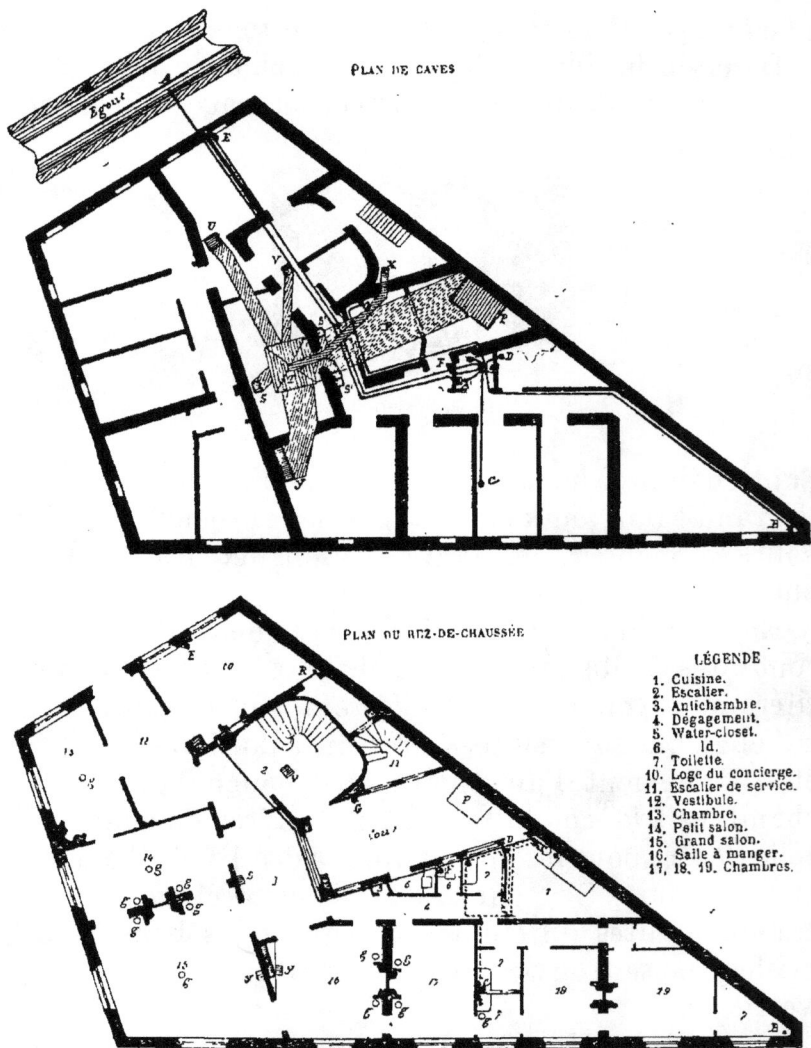

PLAN DE CAVES

PLAN DU REZ-DE-CHAUSSÉE

LÉGENDE

1. Cuisine.
2. Escalier.
3. Antichambre.
4. Dégagement.
5. Water-closet.
6. Id.
7. Toilette.
10. Loge du concierge.
11. Escalier de service.
12. Vestibule.
13. Chambre.
14. Petit salon.
15. Grand salon.
16. Salle à manger.
17, 18, 19. Chambres.

Fig. 121.

qu'il est destiné à conduire l'air chaud dans plusieurs chambres à la fois.

Fig. 121 *bis*

La figure 121 *bis* montre l'installation d'un calorifère Delaroche de la figure 123.

A est la prise d'air frais ;

K les clefs d'arrêt d'air chaud ;

CC les conduits d'air chaud ;

B, B, B les bouches de chaleur.

Divers types de calorifères à air chaud. — Les calorifères *à cloche* sont composés d'un fourneau ou cloche

Fig. 122.

Fig. 123.

garni d'ailettes en fonte pour augmenter la surface de chauffe de l'air chaud. La figure 122 montre un calorifère Gurney ; on voit en haut, à gauche, les départs d'air chaud. La figure 123 est un calorifère Delaroche à cloche et à conduits de fumée en *serpentins* avec des tampons C, C, C, pour le ramonage. La figure 124 est un calorifère à cloche de Besson dans lequel l'air circule dans des tubes métalliques verticaux.

Dans les calorifères *sans cloche*, le foyer est en briques réfractaires et la flamme circule avec la fumée dans des tuyaux en serpentins avec ou sans ailettes qui occupent la plus grande partie de la chambre de chaleur ; tel est le cas du calorifère Grouvelle repré-

Fig. 124.

senté par les figures 125 et 126. Voici d'après M. Besson quelques indications pratiques sur les calorifères de cave.

Hauteur minimum	Largeur	Profondeur	Surface de chauffe	Section des prises d'air (minimum)	Consommation moyenne (1)	Cube d'air chauffé dans les maisons d'habitation (prise d'air extérieure) (2)	Cube d'air chauffé dans les églises et édifices (prise d'air ambiant).	Prix de l'appareil métallique (3)	Prix de la construc- tion en briques (3)
m.	m.	m.	m.	mc.	k.	m.	m.	fr.	fr.
1,70	0,95	1	5	0,10	20	250	1,005	375	175
1,70	1	1	8	0,16	20	500	0,900	900	190
1,80	1,30	1,60	12	0,24	50	900	3.600	900	210
1,80	1,40	1,70	16,40	0,02	70	1.500	6.000	1200	350
1,80	1,60	1,70	22,40	0,40	100	2.000	8.000	1400	400
1,80	1,80	1,90	27	0,50	125	2.700	10.800	1650	450

Mentionnons enfin le calorifère avec *foyer à étages* de Michel Perret. Cet appareil utilise les combustibles menus, *poussières de coke ou de houille*.

Chaque étage (fig. 127 et 128) est formé d'une dalle

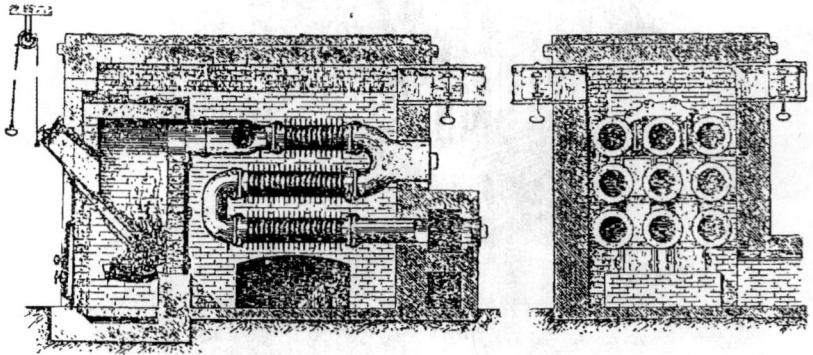

Fig. 125 et 126.

réfractaire d'une seule pièce. Chaque dalle est cintrée un peu, pour que sa solidité soit plus grande. Quatre ouvertures superposées percent la façade ; elles sont garnies de portes servant à introduire et à manœuvrer le combustible sur les étages et à extraire les résidus du cendrier.

Les dalles sont supportées sur les parois latérales du foyer, qui sont également construites en briques réfractaires ; le tout est entouré d'un massif en briques

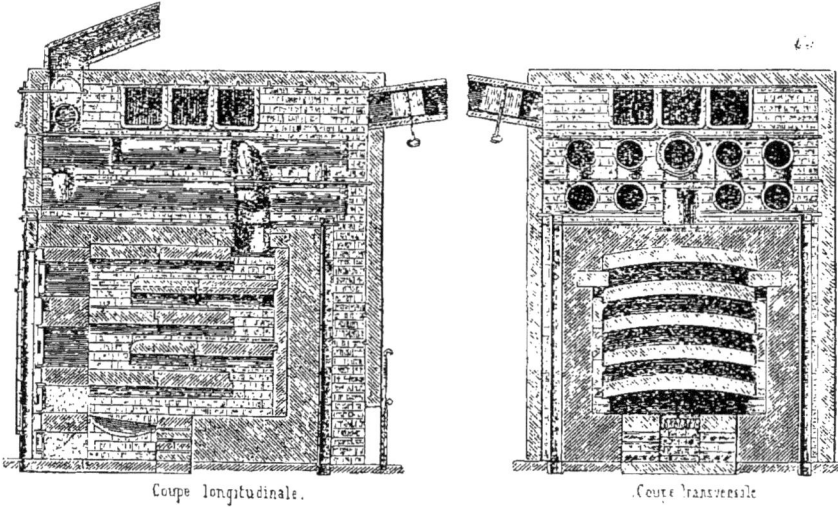

Coupe longitudinale. Coupe transversale

Fig. 127 et 128.

ordinaires, destiné à éviter la déperdition de la chaleur et à consolider l'ensemble, que maintient, en outre, un système d'armatures en métal.

La combustion a lieu à l'air chaud. On utilise le rayonnement de la plaque de devanture en fonte, en disposant devant elle une porte en tôle faisant office d'écran ; l'air d'alimentation passe forcément entre ces deux portes et se rend ensuite à chaque étage par de petites ouvertures pratiquées dans les portes et qu'on restreint ou qu'on augmente à l'aide de réglettes glissantes.

Lorsqu'on veut mettre en train, on fait, dans le cendrier ou dans un petit foyer à grille adjoint, un feu flambant, afin de porter les divers étages au rouge. On les garnit alors tous d'une première couche de combustible en poussière qui, au contact des dalles chauffées au rouge, entre en ignition.

On fait alors descendre le combustible d'étage en étage en recouvrant la première dalle devenue libre, d'une nouvelle couche de combustible frais, qu'on étale de façon à laisser libre la circulation de l'air entre les divers étages.

Ce calorifère est économique en raison du bon marché des combustibles qu'il emploie, mais il ne doit pas être éteint pendant tout l'hiver ; il convient surtout au chauffage des très grands locaux.

CHAPITRE XI

CHAUFFAGE PAR PULSION D'AIR CHAUD

Ce mode de chauffage n'est applicable que dans les immeubles qui possèdent une force motrice quelconque ; il semble donc plutôt réservé aux bâtiments industriels, aux hôpitaux, théâtres, etc. Cependant, avec la possibilité d'avoir maintenant des moteurs électriques desservis par un secteur public, on peut souvent appliquer le procédé par *pulsion d'air chaud* au chauffage des maisons d'habitation.

Il consiste à insuffler de l'air frais à une faible pression (de 50 à 100 millimètres d'eau) sur la surface chauffante d'un *aéro-calorifère*. Cet air chaud, toujours sous la pression que lui a communiqué le ventilateur, circule dans des conduits d'air chaud jusqu'aux locaux à chauffer.

Il faut que le ventilateur *aspire* l'air du dehors et le refoule sur le calorifère ; en effet, ce procédé a l'avantage d'éviter absolument le mélange des gaz de combustion avec l'air, même en cas de fuite de la cloche du foyer ; cet air éteindrait même le feu en cas d'avarie grave, car il couperait le tirage du foyer.

L'air pur chaud passe sur un humidificateur qui peut être chargé d'eau antiseptique ; il peut être lavé pour le débarrasser des poussières ; enfin, il arrive pur dans les salles d'où il chasse une égale quantité d'air vicié, lequel s'échappe par les portes et fenêtres ou par des ventouses spéciales.

En été, le calorifère étant éteint, le ventilateur envoie de l'air dans les salles et les rafraîchit.

Ce procédé de chauffage est donc, en même temps, un excellent moyen de ventilation hygiénique.

Il est économique parce que les tuyaux d'air peuvent être d'assez petit diamètre en raison de la vitesse de l'air propulsé qui atteint 8 à 10 mètres par seconde et il est prouvé que la dépense de combustible est moindre d'un tiers qu'avec le système à air dilaté par un calorifère ordinaire ; les conduites d'air peuvent être fort longues, jusqu'à 100 et 150 mètres, elles peuvent avoir n'importe quelles inclinaisons ou sinuosités ; il peut du reste s'appliquer à un chauffage par calorifère de cave, déjà existant, simplement en plaçant un ventilateur mécanique convenablement calculé dans la prise d'air frais qui alimente la chambre de chaleur du calorifère.

Nous renverrons nos lecteurs pour plus complète étude du procédé de chauffage des grands locaux par pulsion d'air chaud au travail publié en 1910 par M. G. Debesson dans la Technique moderne (*Chauffage et ventilation des bâtiments industriels*).

Cet auteur conseille de mettre les bouches de chaleur à environ 2 mètres de hauteur, c'est-à-dire à la hauteur de la respiration de l'homme ; l'évacuation de l'air vicié sera faite en hiver par le bas du local et en été par des ventouses sous le plafond.

La puissance motrice exigée par le ventilateur n'excède pas un cheval pour 3.000 mètres cubes de locaux à chauffer et ventiler (M. Debesson indique 20 chevaux pour une usine de 90.000 mètres cubes et le prix de revient de 0 fr. 00047 par mètre cube chauffé et par jour pour la moyenne d'un hiver).

CHAPITRE XII

CHAUFFAGE CENTRAL PAR LA VAPEUR OU PAR L'EAU CHAUDE

Le *chauffage central* par la vapeur ou l'eau chaude est le plus commode de tous les systèmes de chauffage ; il peut s'installer même dans des bâtiments anciens, en raison du petit diamètre des tuyauteries employées.

C'est aussi le plus hygiénique, car il n'introduit ni air vicié ni poussières dans les appartements et il permet de répartir la chaleur également dans toutes les parties de toutes les pièces. Le réglage de la température se fait très facilement en admettant, par la simple manœuvre d'un robinet, des quantités plus ou moins grandes de vapeur ou d'eau chaude aux surfaces radiantes.

Voici les éléments nécessaires pour le calcul d'un chauffage central :

L'eau emmagasine autant de calories par kilogramme qu'elle a de degrés de température.

D'autre part, un kilogramme de vapeur à 100 degrés contient :

1º 100 calories représentant la chaleur de l'eau de 0 à 100 degrés.

2º 537 calories représentent la chaleur latente de vaporisation de l'eau.

Au-dessus de la pression atmosphérique, c'est-à-dire de 100 degrés centigrades, la chaleur totale contenue dans la vapeur est donnée par la formule de Regnault :

$$Q = (606.5 + 0,305\ T) - T$$

T étant la température de la vapeur.

Voici les températures de la vapeur d'eau pour diverses pressions :

100 degrés	....	pression atmosphérique.
112 —	....	1/2 kgr.
120 —	....	1 kgr.
128 —	....	1 kgr. 1/2
134 —	....	2 kgr.
139 —	....	2 kgr. 1/2
144 —	....	3 kgr.
148 —	....	3 kgr. 1/2
152 —	....	4 kgr.
159 —	....	5 kgr.
165 —	....	6 kgr.
170 —	....	7 kgr.
175 —	....	8 kgr.
180 —	....	9 kgr.
184 —	....	10 kgr.
188 —	....	11 kgr.
192 —	....	12 kgr.

On estime qu'un mètre carré de surface de chauffe du foyer transmet environ 1.100 calories par heure à l'eau contenue dans la chaudière ; ceci permet donc de calculer la surface de chauffe, et par suite, l'importance d'une chaudière pour un local dont on aura déterminé la perte de calorique. Il est utile de majorer cette dépense de calorique de 15 à 20 pour cent pour comprendre les pertes de chaleur subies par la vapeur ou l'eau chaude avant leur arrivée aux appareils d'utilisation.

Une installation de chauffage par la vapeur ou par l'eau chaude comprend :

1º Une chaudière spécialement étudiée pour le chauffage domestique, et qui peut être confiée à n'importe quelle personne.

Un régulateur automatique de pression et de combustion permet de la laisser sans surveillance et proportionne la quantité de charbon brûlé à la quantité de chaleur dégagée par les appareils de distribution.

Cette chaudière facile à installer n'exige pas de maçonnerie et ne doit présenter aucun danger d'explosion.

2º Les canalisations qui servent à conduire l'eau chaude ou la vapeur depuis le générateur jusqu'aux surfaces de chauffe, puis à ramener l'eau, jusqu'au générateur où elle est réchauffée ou transformée en vapeur, selon le cas.

Les canalisations comprennent :

Une tuyauterie principale qui s'installe dans les caves.

Des colonnes montantes qui sont branchées sur la tuyauterie principale, et qui vont alimenter les appareils. Ces colonnes montantes peuvent être facilement dissimulées. La tuyauterie principale est de plus gros diamètre, on la recouvre d'isolants spéciaux en bourre de soie, en liège ou en feutre, pour ne pas élever la température des caves qu'elle traverse et pour conserver la chaleur jusqu'aux appartements (fig. 128 bis).

D'une façon générale, les canalisations sont disposées pour ne pas nuire à la décoration. Les colonnes montantes passent dans les cuisines, offices, couloirs sombres, débarras ou autres pièces secondaires ; quant aux tuyauteries horizontales, elles sont le plus souvent en sous-sol.

3° Les surfaces de chauffe ou radiateurs, produisant un dégagement de calories utilisé pour le chauffage.

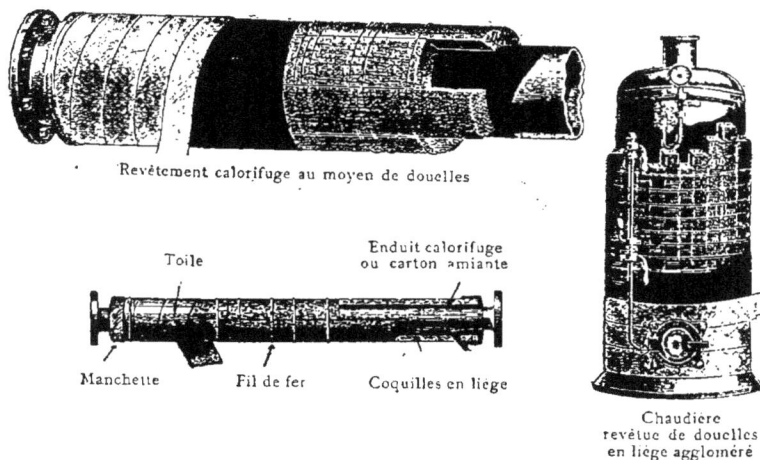

Revêtement calorifuge au moyen de douelles

Toile

Enduit calorifuge ou carton amiante

Manchette   Fil de fer   Coquilles en liège

Chaudière revêtue de douelles en liège aggloméré

Fig. 128 *bis.*

Disposition des surfaces de chauffe : Radiation indirecte. Chauffage par colonnes. — Les surfaces de chauffe sont des tuyaux en fonte munis de nervures ou ailettes longitudinales. Ces tuyaux sont disposés verticalement, sur une ou plusieurs rangées suivant l'importance du chauffage, dans des gaînes pratiquées lors de la construction du bâtiment, dans l'épaisseur du mur.

Ces gaînes qui règnent sur toute la hauteur des pièces à chauffer sont divisées à chaque étage par une cloison horizontale en briques. Entre deux cloisons successives on forme ainsi une chambre de chaleur qu'on fait communiquer à sa partie inférieure avec l'air extérieur, et à sa partie supérieure avec la pièce à chauffer. L'air froid qui rentre par le bas de la chambre de

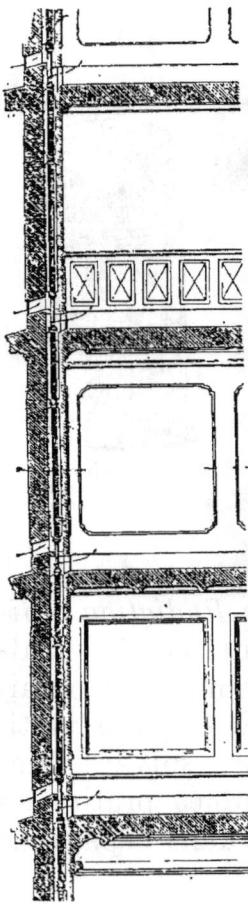

Colonnes

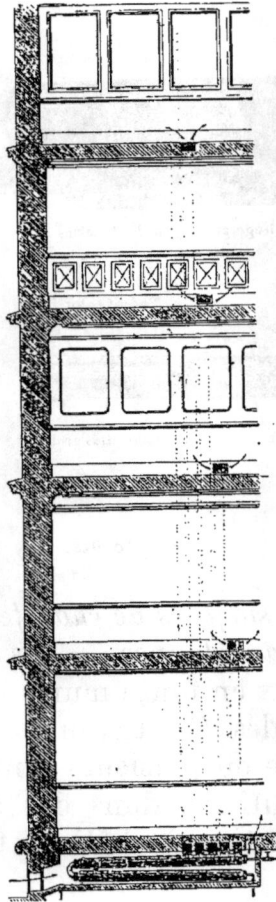

Chauffage central par :
Batteries
Planche 128 *ter*.

Radiateurs

chaleur s'échauffe au contact des surfaces de chauffe, et s'élève le long de celles-ci pour s'échapper, ensuite, par la bouche de chaleur, dans la pièce à chauffer.

Chauffage par batteries. — Le chauffage par batteries comprend des tuyaux en fonte à ailettes installés dans des coffres en briques avec une prise d'air extérieure.

L'air froid amené par la ventouse s'échauffe au contact des tuyaux de la batterie et est réparti dans les différentes pièces à chauffer, au moyen de conduits spéciaux ménagés dans les murs, aboutissant à des bouches de chaleur qu'on peut, à volonté, ouvrir et fermer.

La circulation de l'air se fait naturellement dans ces conduits à la faveur de la différence qui existe entre la densité de l'air froid amené sur les tuyaux à ailettes et la densité de l'air chauffé par son passage dans la batterie.

Chauffage par radiateurs. — Ce système est le meilleur et le plus économique comme installation et comme entretien. L'utilisation de la chaleur dégagée par le foyer du générateur est ici complète, car il n'y a aucune perte dans les gaînes, et aucune chaleur inutilisée. Ce mode de chauffage ne donne ni poussière, ni odeur ; les surfaces de chauffe sont laissées apparentes dans les pièces sous forme de radiateurs auxquels on peut donner un aspect décoratif.

Les radiateurs sont reliés aux colonnes montantes distribuant l'eau chaude ou la vapeur au moyen de robinets en bronze permettant le réglage de la température. Les trois modes de distribution de chaleur exposés ci-dessus sont réprésentés dans les trois gravures de la planche 128 *ter*.

CHAPITRE XIII

CHAUFFAGE PAR LA VAPEUR
A HAUTE OU MOYENNE PRESSION

Ce système n'est intéressant que dans les établissements industriels, où l'on dispose d'une chaudière à vapeur pour la force motrice. La vapeur est ainsi fournie à la pression de 4 à 12 kilos par une prise de vapeur de petit diamètre installée sur la chaudière : cette vapeur *se détend* dans une conduite d'assez grand diamètre avant d'être envoyée aux canalisations. Quelquefois la prise de vapeur est *commandée automatiquement* par un *détendeur* à ressort ou à contrepoids qui proportionne la sortie de la vapeur à la consommation des radiateurs.

L'eau de condensation est généralement évacuée au dehors, mais elle peut aussi être ramenée près de la chaudière dont elle réchauffe l'alimentation ; la température de cette eau de condensation est en effet voisine de 100 degrés.

Les tuyaux de canalisation sont en acier sans soudure ou en fer *soudé à recouvrement* éprouvés à 60 ou 80 kilogrammes de pression ; leurs diamètres sont ceux des tubes à gaz indiqués dans le volume VIII, pages 128 et 129 ; ils sont assemblés soit par *manchons*

Quelques Exemples d'Assemblages par Brides
BRIDES FIXES

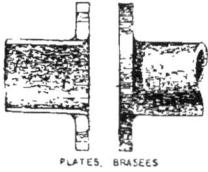
PLATES, BRASEES

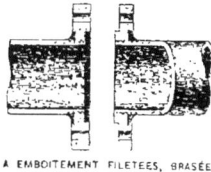
A EMBOITEMENT FILETEES, BRASÉES

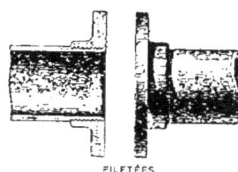
FILETÉES

BRIDES MOBILES

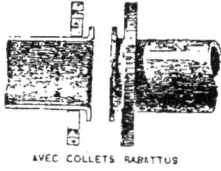
AVEC COLLETS RABATTUS

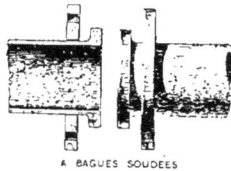
A BAGUES SOUDEES

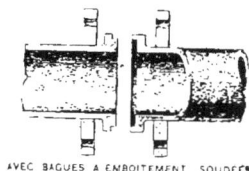
AVEC BAGUES A EMBOITEMENT SOUDEES

Fig. 129.

à vis, soit par brides fixes ou mobiles comme le montre la figure 129.

Fig. 130.   Fig. 131.

La robinetterie doit être spécialement soignée (fig. 130 et 131) en bronze dur ou en acier.

Les différences de température que subissent ces

tuyaux font varier leur longueur ; il faut donc leur permettre de se dilater librement, car un tuyau en fer s'allonge de 2 millimètres par mètre entre la tempé-

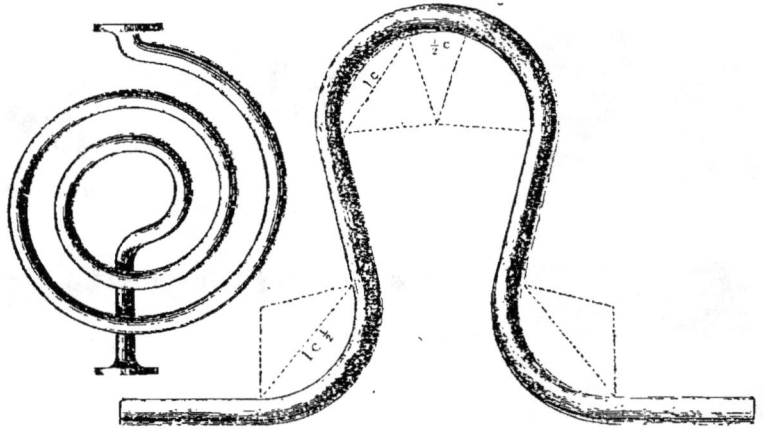

Fig. 132.

Console à scellement pour support à rouleau

La console se fait aussi d'applique

Support à rouleau

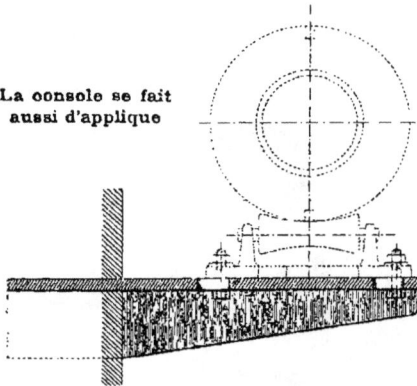

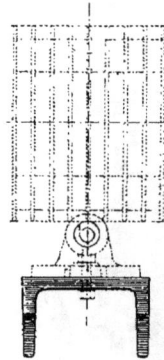

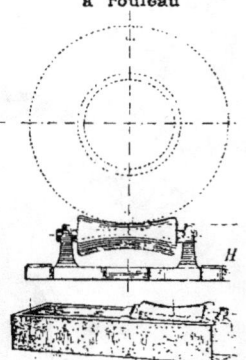

Fig. 133.   Fig. 134.   Fig. 135.

rature de zéro et celle de la vapeur à 12 kilogrammes (191 degrés centigrades). A cet effet, les tuyaux et les surfaces chauffantes sont montés sur des *supports à galets* (fig. 133 à 135) et l'on ménage de loin en loin des *boucles d'expansion* (fig. 132), ou bien des *joints de dilatation* à coulisse permettant aux tuyaux de s'allonger ou de se contracter librement sans occasionner de fuites de vapeur.

Les surfaces chauffantes sont constituées soit par des serpentins de tubes d'acier, soit par des tuyaux en acier à ailettes rapportées et brasées, soit simplement par des cylindres en tôle d'acier rivée dans lesquels la vapeur se condense.

Les canalisations et les surfaces chauffantes sont munies de purgeurs automatiques, système Heinz, Grouvelle ou autres, afin d'éviter les accumulations d'eau.

(Voir *Chauffage des Bâtiments industriels*, par M. G. Debesson.)

Les inconvénients du chauffage par la vapeur à haute ou moyenne pression sont : 1º d'exiger la surveillance constante de la chaudière ; 2º de nécessiter des tubes résistants et coûteux ; 3º de porter les surfaces chauffantes à une haute température qui n'est pas sans danger et il en résulte un dessèchement de l'air et une sorte de cuisson des poussières qui produit quelquefois une odeur désagréable. Il faut aussi toujours se méfier de l'éclatement d'un mauvais joint ou d'un tube défectueux. Les joints des brides se font de préférence avec des rondelles *métallo-plastiques* (cuivre rouge et amiante).

CHAPITRE XIV

CHAUFFAGE A VAPEUR A BASSE PRESSION

Dans ce système, nous aurons une chaudière à feu continu, *placée plus bas* que les radiateurs, et produisant de la vapeur à *très faible pression* : généralement 1 /20 à 1 /10 d'atmosphère. Le réglage du feu est obtenu automatiquement par un régulateur qui ferme la prise d'air du foyer dès que la pression de la vapeur tend à s'élever au-dessus de celle fixée par le constructeur.

La vapeur est conduite dans les surfaces chauffantes par des tubes en fer de la série des tubes à gaz (Voir vol. VIII, pages 128 et 129) ; elle se condense et revient en eau à la chaudière par une canalisation inférieure aux radiateurs.

L'organe essentiel est, ici, la chaudière avec son système de réglage. Nous décrirons à titre d'exemple les meilleurs modèles actuels dont les dessins nous sont communiqués par M. Krebs et Cie, constructeurs, à Paris.

Chaudières Strebel. — Ces chaudières se composent d'un certain nombre d'éléments creux, verticaux, en forme d'O (fig. 136), réunis dans le haut et le bas, dans la chambre d'eau, par des connexions à bagues coniques. Chaque élément comprend une chambre

d'eau (3) de forme oblongue, à fortes ailettes latérales (2), qui, au moment du montage, forment

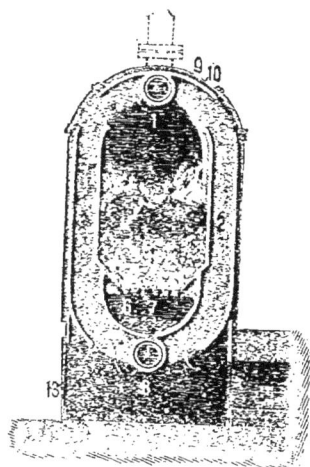

Fig. 136.

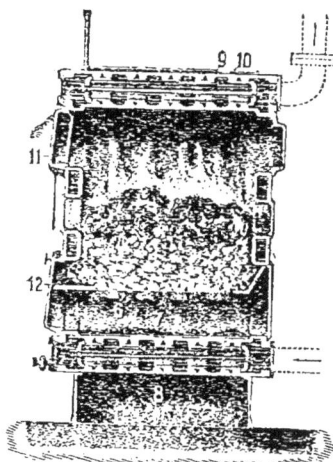

Fig. 137.

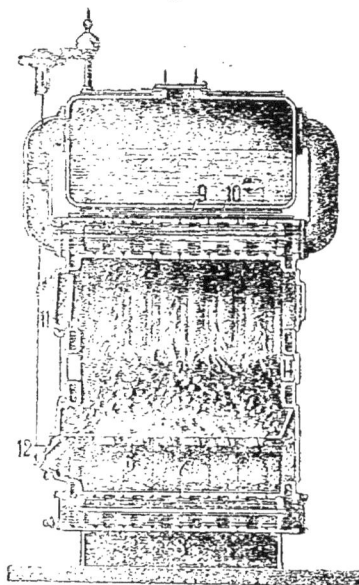

Fig. 138.

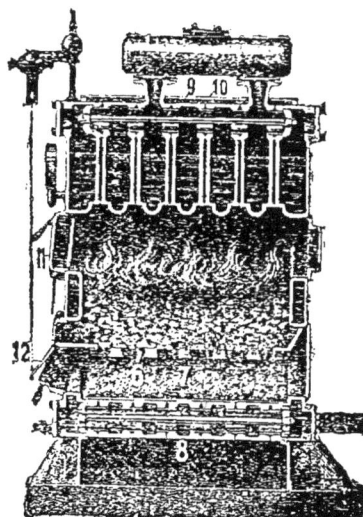

Fig. 139.

des carneaux pour le passage des produits de la combustion (2).

Les carneaux et les canaux d'eau alternent comme il est indiqué figure 137. Les ailettes intérieures sont arrêtées en haut à la chambre de fumée et les ailettes extérieures s'arrêtent dans le bas avant le raccordement à la cheminée. Les gaz circulent par suite de haut en bas dans les carneaux. L'ouverture supérieure de l'ailette extérieure (fig. 136) a pour but de permettre simplement, de l'extérieur, un ramonage facile des carneaux. En marche normale, cette ouverture est munie d'une double fermeture. Les éléments extrêmes des chaudières sont munis de parois pour la fermeture de la chaudière et de portes nécessaires au service ; 11 est la porte de magasin, 12 la porte de cendrier (fig. 137). En haut et en bas sont disposées les brides pour le raccordement à la tuyauterie.

A part les deux éléments des extrémités, qui portent naturellement les ouvertures : portes, etc., nécessaires, un seul type d'éléments est employé, de sorte que les conditions techniques établies pour un élément isolé restent les mêmes pour toute une série composant une chaudière.

Tous les éléments sont placés sur un socle de fer, permettant, en exécution ordinaire, le raccordement à la cheminée par une des ouvertures latérales et le ramonage nécessaire par l'autre ouverture, mais le départ de fumée peut se faire au-dessous (en caniveau) ou sur commande spéciale sur l'arrière du socle par une ouverture spéciale.

Tous les éléments sont revêtus d'un manteau de tôle doublé de fortes plaques d'amiante et de terre d'infusoires pour éviter les pertes de chaleur par rayonnement. Il est totalement inutile de mettre la chaudière dans la maçonnerie (fig. 140 et 141).

La grille est venue de fonte, séparée au milieu et creuse à la base. L'eau de la chambre d'eau y pénètre si profondément qu'on obtient un refroidissement intensif protégeant la grille contre la destruction.

La chaudière Strebel Catena se compose de rangées d'éléments de forme spéciale disposés de manière à

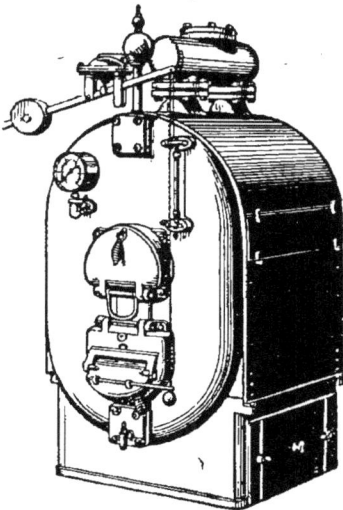

Fig. 140.
Chaudière Strebel
pour chauffage à vapeur.

Fig. 141.
Chaudière Strebel
pour chauffage à eau chaude.

contenir les différents foyers, un peu dans le genre des maillons d'une chaîne, d'où le nom de chaudières Catena.

La disposition des carneaux de fumée alternant avec les canaux d'eau est visible dans la figure 143. La surface de chauffe, le magasin de combustible et la surface de grille existent dans chaque élément et restent dans une proportion constante et rationnelle indépendamment de la grandeur de la chaudière. Il n'existe que deux sortes d'éléments : les éléments symétriques intermédiaires et les éléments latéraux limitant la chaudière.

Le gaz de la combustion circulent en sens inverse

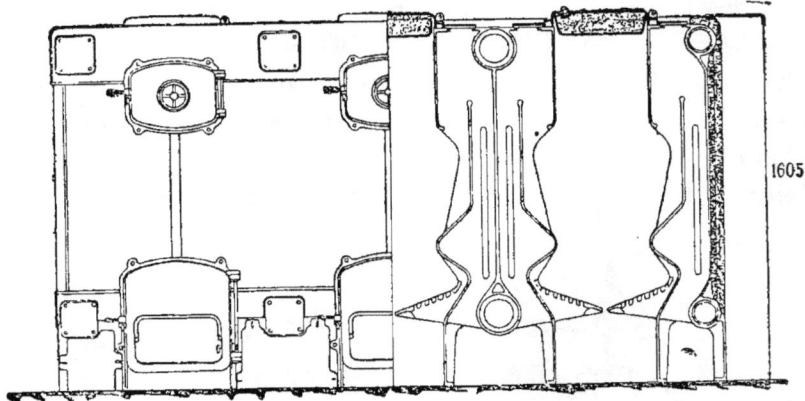

Fig. 142.

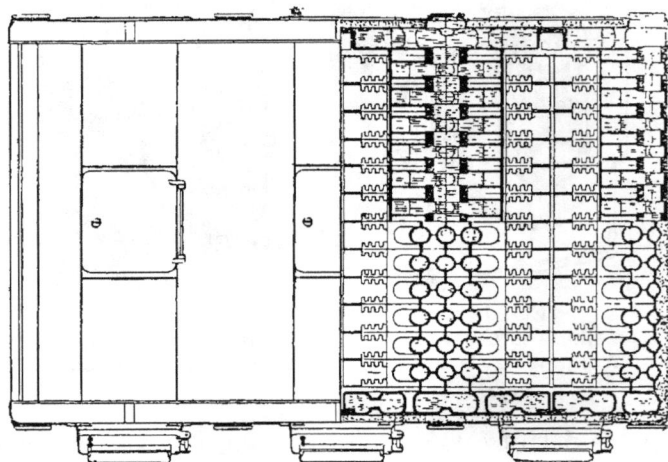

Fig. 143.

Fig. 143 *bis.*
Coupes et perspective de la chaudière Strebel-Catena.

du mouvement de l'eau ainsi que cela a lieu pour les chaudières Strebel.

Les grilles sont également venues de fonte et refroidies par l'eau.

Le magasin est construit de telle sorte que le chargement peut aussi bien s'effectuer de face que par le haut, cette dernière méthode étant celle utilisée le plus souvent. En outre des portes de chargement sur les façades, il existe aussi sur la chaudière des portes calorifugées permettant le chargement par la partie supérieure. La chaudière possédant une partie supérieure plane, il est possible d'y disposer des rails de roulement pour rendre commode et facile le chargement au moyen de wagonnets. Le décrassage s'effectue facilement par la porte de cendrier.

Les éléments ainsi décrits forment une chaudière pour chauffage à l'eau chaude ; pour le chauffage à vapeur, à basse pression, il est ajouté au-dessus de la chaudière un réservoir cylindrique formant *chambre* ou collecteur de vapeur, comme le montrent les gravures 140, 138 et 139.

Accessoires des chaudières à vapeur à basse pression.

 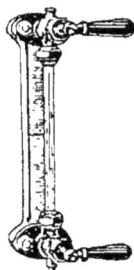

Fig. 144.   Fig. 145.

Manomètre.— D'après la loi, un manomètre (fig.144) est indispensable pour mesurer la pression de vapeur.

Il se monte au moyen d'un support fixé sur la chaudière par une bride.

Niveau d'eau. — Le contrôle de la hauteur d'eau
dans les chaudières à vapeur se fait par le niveau
d'eau (fig. 145). Il se compose de deux robinets avec
poignées en ébonite, du tube en verre et d'un rail en
fonte avec repère à hauteur du niveau moyen.

Régulateur du feu et de la pression. — Le régulateur
à membrane (fig. 146) est constitué par une membrane

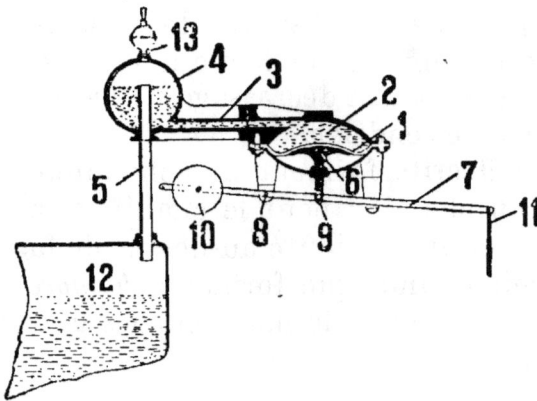
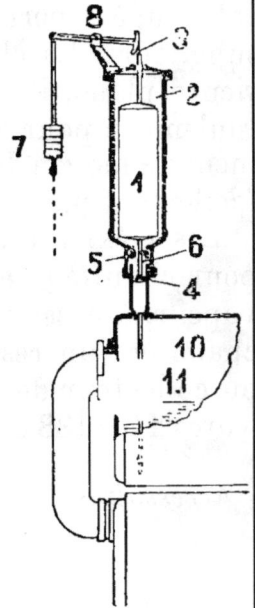

Fig. 146.   Fig. 147.

en caoutchouc pur doublé de toile de chanvre tendue
dans une boîte de fonte. La chambre supérieure 2
communique par le tube 3 avec la sphère 4. 2, 3, 4 sont
remplis d'eau jusqu'à la hauteur d'arrivée du tuyau 5.
Au-dessous de la membrane 1 se trouve un champignon 6 réuni au levier 7 par un étrier 9. Le levier 7
est mobile autour de l'axe 8. Le poids 10, mobile sur
le levier 7 repousse au repos la tige 9 vers le haut, et

par suite le champignon 6 lève la membrane qui se bombe vers le haut. La chaîne 11 fixée au levier commande le clapet d'arrivée d'air. Le tube 5 communique au réservoir de vapeur de la chaudière ; au point 13 est monté le sifflet d'alarme ou, s'il n'y a pas de sifflet, cette ouverture est fermée par un bouchon taraudé.

La vapeur fait pression à la surface de l'eau qui se trouve en 4. La pression se transmet et agit sur la membrane. A une pression déterminée (suivant la position du contre-poids 10), la pression exercée verticalement sur la membrane vaincra la résistance du poids 10 et la membrane abaissera le champignon 6 vers le bas ; par suite, la chaîne 11 transmettra ce mouvement au clapet d'arrivée d'air et le fermera.

Le tirage diminué, le ralentissement de la combustion occasionnera une diminution de la production de vapeur et, par suite, un abaissement de la pression jusqu'au moment où l'équilibre et par suite la pression normale seront rétablis.

Le régulateur à flotteur (fig. 147) se compose d'un flotteur 1, cylindre creux rempli d'air qui se trouve dans un cylindre creux 2 ; il est suspendu au levier 8 par une lame 3. Au-dessous, est fixée une soupape 4, qui, lorsque le flotteur monte, vient se placer sur le siège de robinet 5 et ferme ainsi le canal 6. 7 est un contrepoids ; une chaîne commande le clapet d'air.

Le cylindre est ouvert à la partie supérieure, c'est donc la pression atmosphérique qui y règne. S'il se produit dans la chaudière, c'est-à-dire dans la chambre de vapeur 10, une élévation de pression, l'eau de la chaudière monte par 11 dans le cylindre. Aussitôt que cette eau a atteint un certain niveau qui correspond à une pression déterminée, le flotteur commence à monter. Quand la pression est basse, le poids de 1 est prépondérant ; 7 est soulevé et le clapet d'air est complètement ouvert. Si la pression augmente, le flotteur 1 monte, 7 baisse et ferme progressivement le clapet d'air.

La soupape 4 a pour but, pour la position du flotteur qui correspond avec la fermeture complète du clapet d'air, d'arrêter le passage de l'eau pour éviter que le cylindre ne déborde.

Sifflets d'alarme. — Le contrôle de la vaporisation dans les chaudières à vapeur peut se faire par le moyen de sifflets d'alarme (fig. 148). Le sifflet contre excès de pression se compose d'un corps formé de deux

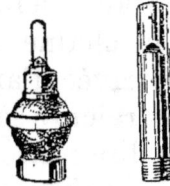

Fig. 148.   Fig. 149.

hémisphères, au-dessus duquel est vissé un sifflet. A l'intérieur du corps est une soupape chargée de poids qui se trouve soulevée quand la pression devient trop forte, livrant ainsi passage à la vapeur et le sifflet fonctionne.

Le sifflet contre hauteur d'eau trop faible *b* est un sifflet ordinaire. Il se fixe sur un tuyau raccordé à la chambre d'eau de la chaudière, à la hauteur au-dessous de laquelle le niveau de l'eau ne ooit pas descendre (fig. 149).

Canalisations et radiateurs. — La vapeur à basse pression se condense dans des *radiateurs* formés soit de tubes à ailettes, en fonte, uniques ou raccordés entre eux par des tubulures en fonte telles qu'on les voit dans les figures 150 à 157.

Les tubes à ailettes sont posés sur des supports

montrés par les gravures 158 à 161. Les figures 166 et 167 font voir les radiateurs composés de plusieurs tuyaux à ailettes réunis par des raccords. Les figures

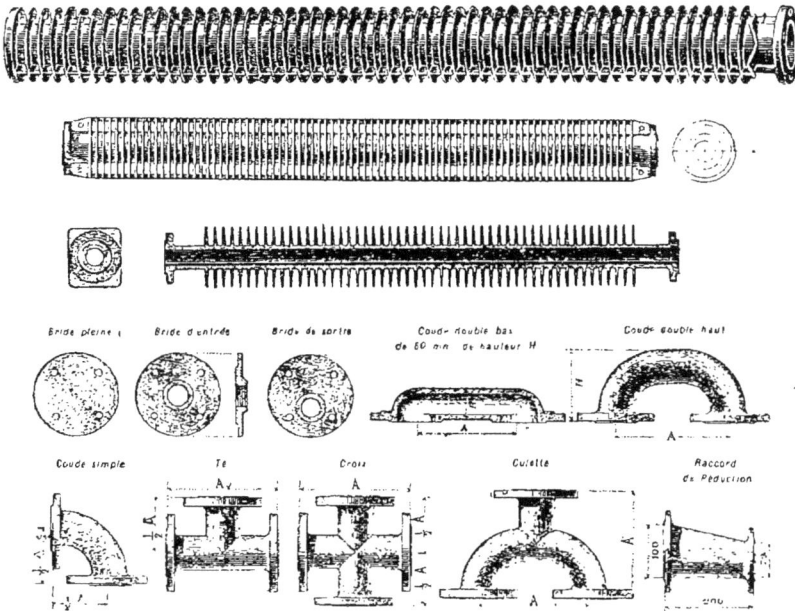

Fig. 150 à 157.

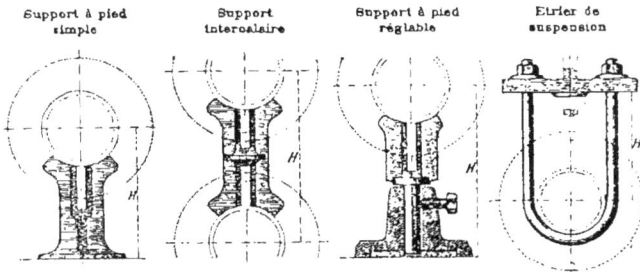

Fig. 158 à 161.

162 à 165 montrent des radiateurs en fonte moulée et ornée, à grande surface sans ailettes ; l'un d'eux a une sorte de coffre ou four où l'on peut réchauffer le linge ou toute autre chose.

Fig. 162.   Fig. 163.   Fig. 164.   Fig. 165.

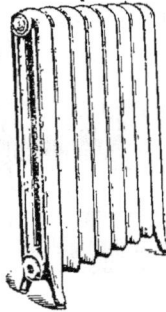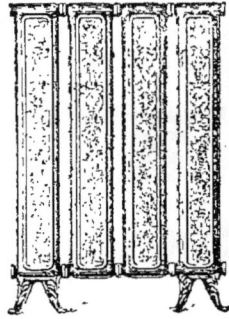

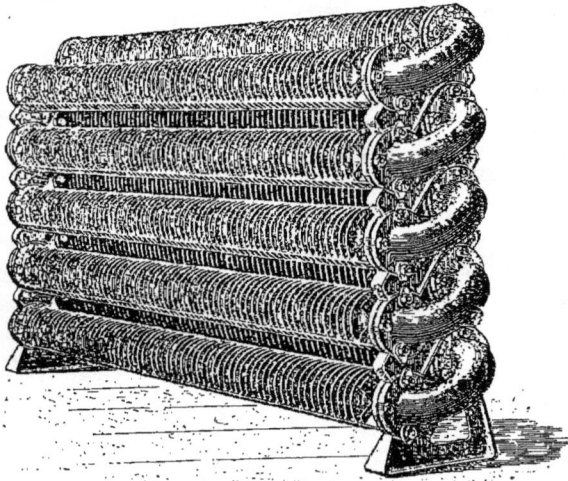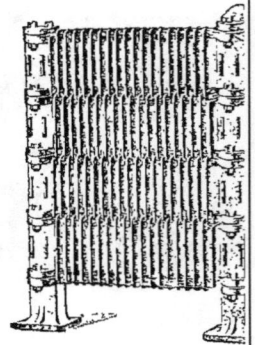

Fig. 166.   Fig. 167.

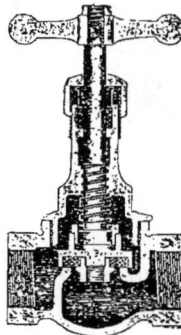

Fig. 168.   Fig. 169.

Fig. 170.

Les gravures 168 et 169 sont des robinets d'admission de vapeur aux radiateurs ; ils servent aussi à régler la quantité de vapeur admise pour modérer ou accélérer le chauffage.

Enfin, la figure 170 montre la disposition de l'ensemble d'un chauffage à vapeur à basse pression ; on remarque en S une partie appelée *siphon*, destinée à purger les canalisations de l'eau condensée qui, de là, se rend à la chaudière vers sa partie la plus basse.

CHAPITRE XV

CHAUFFAGE CENTRAL
PAR L'EAU CHAUDE SANS PRESSION
OU A TRÈS BASSE PRESSION

La base de ce chauffage est une circulation constante d'eau chaude entre la chaudière et les radiateurs.

Cette circulation s'effectue par la différence des densités de l'eau chaude et de l'eau froide, différence suffisante pour produire une circulation active dont la vitesse est en raison directe de la hauteur des surfaces de radiation par rapport à la chaudière.

Cette dernière, placée généralement en cave, peut également être disposée sur *le même plan horizontal que les radiateurs.* C'est là un précieux avantage de ce mode de chauffage, et qui en permet avec succès l'application dans le *chauffage des appartements* et des immeubles non excavés.

L'eau, chauffée à des températures variables, suivant la rigueur du froid, part de la chaudière et est amenée jusqu'aux surfaces de radiation par des tuyaux spéciaux, généralement en fer, constituant la canalisation d'aller, en même temps que l'eau froide, primitivement contenue par ces appareils, est ramenée à la chaudière par une autre canalisation, également en tubes de fer, dite *canalisation de retour*.

Un réservoir placé à la partie supérieure du système recueille l'expansion ou augmentation de volume que subit l'eau lorsqu'elle s'échauffe.

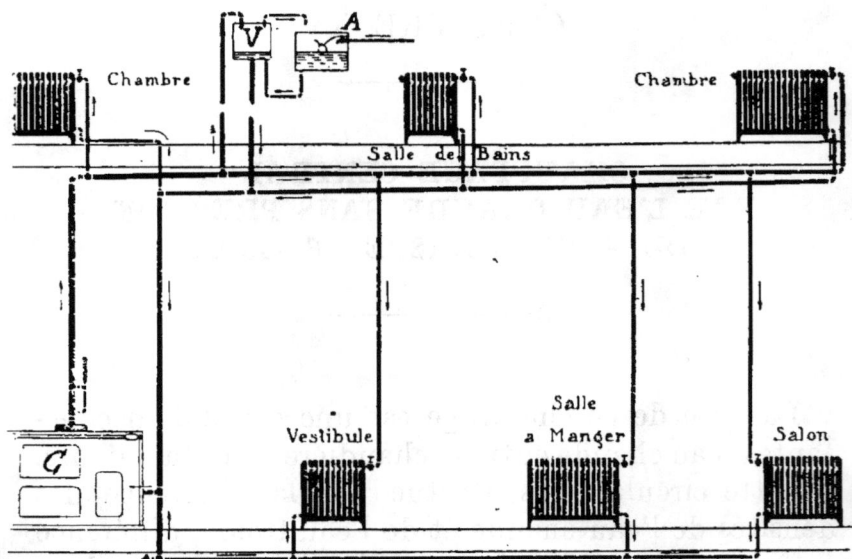

Fig. 171.

La même eau sert constamment au chauffage, de sorte que la chaudière ne s'encrasse jamais intérieurement.

Le chauffage par l'eau chaude est d'une conduite excessivement simple et son entretien est nul.

Il est un peu plus cher d'installation première que le chauffage à vapeur, à cause du diamètre assez grand des tubes qu'il nécessite, pour des installations importantes.

En outre, il permet, indépendamment du réglage de chaque radiateur, un réglage général et efficace par la chaudière même, en élevant ou abaissant la température de l'eau dans cette dernière, suivant que l'on fait un feu actif ou modéré. De ce fait, il résulte

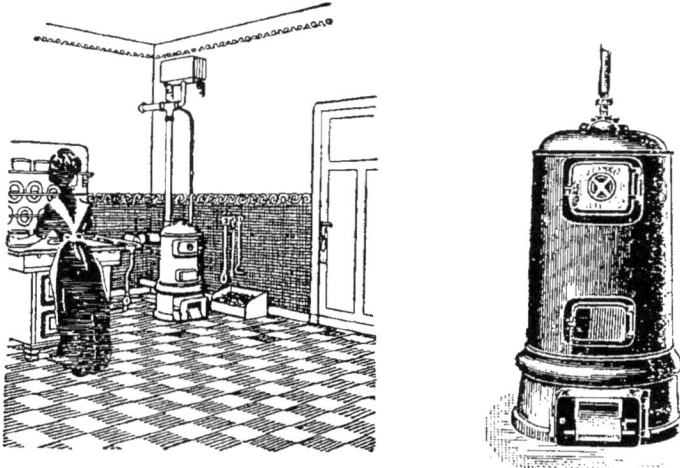

Fig. 172. — Chaudière Rova pour petits chauffages à l'eau chaude et son installation dans une cuisine d'appartement.

Fig. 172 bis. — Chaudière Strebel pour chauffage à l'eau chaude.

une économie de combustible très appréciable au commencement et à la fin d'un hiver.

La figure 171 montre la disposition des tubes et des radiateurs pour un chauffage par l'eau chaude à très basse pression. En C est la chaudière qui est, ici, renfermée dans le fourneau de la cuisine et au même niveau que les radiateurs du rez-de-chaussée. Bien entendu, dans un chauffage important, cette chaudière est indépendante, en sous-sol ou à l'étage même qu'il faut chauffer (fig. 172 et 172 *bis*).

On voit en A l'alimentation d'eau par robinet à flotteur et en V le *vase d'expansion* pour l'eau chaude.

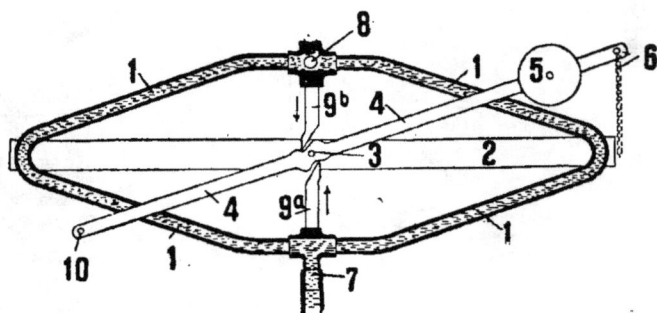

Fig. 173.

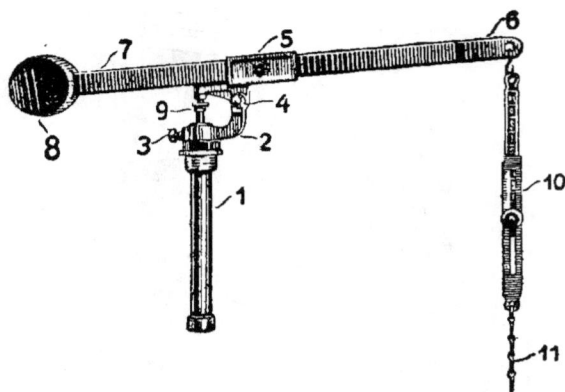

Fig. 174.

Comme chaudière à eau chaude à basse pression, nous avons décrit déjà les chaudières Strebel qui conviennent pour d'importantes installations. La figure 172 montre la chaudière *Rova*, de MM. Krebs et Cie, à Paris, construite spécialement pour les petits chauffages.

Cette chaudière se compose d'un socle et d'un corps de chaudière sectionné verticalement en deux demi-cylindres égaux. Les deux chambres d'eau communiquent par des connexions à bagues suivant le principe du joint métallique employé dans les chaudières Strebel. Ces bagues peuvent se serrer de l'extérieur au moyen de deux boulons disposés à cet effet.

La chaudière Rova possède une grande surface de chauffe très efficace. Des poches d'eau disposées immédiatement devant l'orifice d'échappement à la cheminée contribuent à l'utilisation plus complète du combustible. Les parois du magasin de combustible sont creuses et remplies d'eau.

Le réglage de la combustion s'opère d'abord au moyen du papillon de la buse de tirage et ensuite à l'aide du clapet réglable de la porte de cendrier

Régulateurs. — Le régulateur Strebel W pour eau chaude (fig. 173) est constitué par un parallélogramme en tube d'acier 1. Une barre horizontale 2 maintient un axe portant le levier 4 mobile autour du point 3 et ayant sur l'une de ses branches un contre-poids 5. La chaîne de réglage du clapet d'air est fixée au point 6. L'extrémité 6 dirigée en haut maintient le clapet d'arrivée d'air ouvert et le ferme quand elle retombe vers le sol. Dans les tubes circule une partie du courant chaud, venant de la chaudière. Cette eau entre en 7 et sort en 8. Au point 8, on peut adapter un thermomètre. Deux couteaux, 9a et 9b, contrebalancent l'effet du poids 5 par suite de l'élasticité des tubes d'acier. Normalement, 5 est élevé par la tension du parallélogramme dans le sens des flèches (un taquet non visible sur le dessin limite ce mouvement).

En marche, l'eau chaude circulant dans les tubes 1 fait dilater ceux-ci, de telle sorte que la tension du parallélogramme et par suite la pression des couteaux 9 sur le levier diminue en proportion. A une certaine température (suivant la position du contre-poids 5) la tension diminue dans une proportion telle que l'action de 5 prédomine, et le levier 4 s'abaisse du côté du contrepoids en fermant progressivement le clapet d'arrivée d'air. La combustion est diminuée, ce qui produit un abaissement de la température de l'eau à la limite déterminée.

Sur l'autre bras du levier 4, on peut, au point 10, fixer une chaîne actionnant un clapet de coupe-tirage de sorte que non seulement l'arrivée d'air frais est empêchée par suite de la fermeture du clapet équilibré de la porte de cendrier, mais, en même temps, par l'introduction d'air frais dans le conduit de fumée, on obtient un réglage plus énergique de la combustion.

Le régulateur travaille constamment et uniformé-

Fig. 175.   Fig. 176.

ment ; il est très sensible parce que dans ses oscillations, le double levier, seule partie mobile, est simplement maintenu par deux couteaux en acier trempé, tel un fléau de balance, par conséquent travaille presque sans frottement.

Le régulateur Strebel S (fig. (174) se compose d'une douille en fer remplie de mercure. La tête de la douille reçoit un collier 2, maintenu par une vis 3. Le prolongement coudé du collier 2 porte par l'axe 45 une glissière traversée par un levier extensible en deux pièces. Sur la partie du levier, au-dessus de la douille, se place le contre-poids 8 ; sur l'autre levier se trouve une crémaillère 10 avec chaîne 11 commandant le clapet du cendrier. Les augmentations de température de l'eau de la chaudière produisent la dilatation du corps dilatable ; le point 9 est soulevé ; la chaîne ne retenant plus le clapet, ce dernier se ferme progressivement.

Indicateur de hauteur d'eau. — L'indicateur de hauteur d'eau (fig. 175) permet de s'assurer à tout instant de la chaufferie, que la canalisation est effectivement remplie d'eau. C'est un appareil de mesure de la pression d'eau dans la tuyauterie, par le principe d'un manomètre qui, au moyen d'un cadran gradué, permet de lire la hauteur d'eau en mètres.

En plus de l'aiguille mobile qui indique les mètres de hauteur d'eau dans la canalisation, se trouve une aiguille fixe qui, lors du montage de l'instrument, doit être réglée à la hauteur d'eau qu'il est nécessaire d'atteindre, mais qu'il ne faut guère dépasser.

Thermomètre. — Chaque chaudière à eau chaude doit être munie d'un thermomètre (fig. 176) qui se visse sur un raccord spécial de la chaudière.

CHAPITRE XVI

CHAUFFAGE PAR L'EAU CHAUDE
A HAUTE PRESSION

(*Système Perkins.*)

Dans ce système, qui n'est plus guère employé aujourd'hui, la chaudière est remplacée par un serpentin de très grande longueur, en tubes d'acier, entourant tout le foyer, comme le montre la coupe de la figure 178. Ces tubes d'acier se prolongent par de petits tubes de 15 à 22 millimètres de diamètre intérieur, formant une conduite montante et une conduite descendante dans tous les locaux à chauffer. Les deux conduites aboutissent, au sommet de l'immeuble, à un *vase d'expansion* entièrement clos et assez solide pour pouvoir supporter une pression de plusieurs atmosphères. L'ensemble des tubes et du vase d'expansion est rempli d'eau. Cette eau s'échauffe donc *au-dessus de* 100 *degrés*, sans pouvoir se transformer en vapeur ; elle circule dans les petits tubes par différence de densité entre la colonne d'eau froide et celle d'eau chaude. Les tubes Perkins sont à joint manchonné, très renforcé, comme le montrent les

figures 179 à 186 ; on les dispose le long des murs, soit
en caniveaux (fig. 187 et 188), soit le long des plinthes, en les recouvrant de plaques en tôle ajourée.

Le système Perkins est économique au point de

Fig. 178.

vue du coût de l'installation et de la bonne utilisation du combustible, mais il n'est pas sans danger à
cause de la haute pression de l'eau qui est en même
temps à très haute température et se transforme en
vapeur brûlante à la moindre fuite dans l'installation.

Une condition essentielle du bon fonctionnement
est que les tubes aillent toujours en montant *sans
contrepentes* dans la colonne montante et toujours en
descendant dans la colonne descendante, et ceci dans
chaque circuit de chaleur.

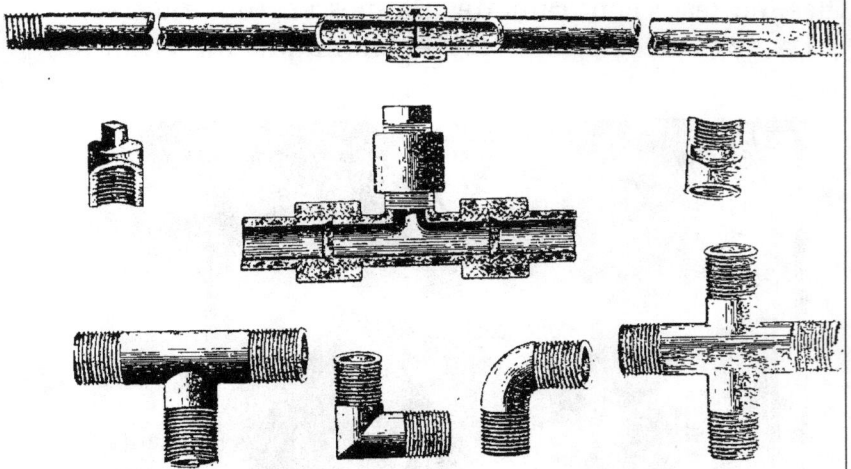

Fig. 179 à 186. — Tubes Perkins en acier.

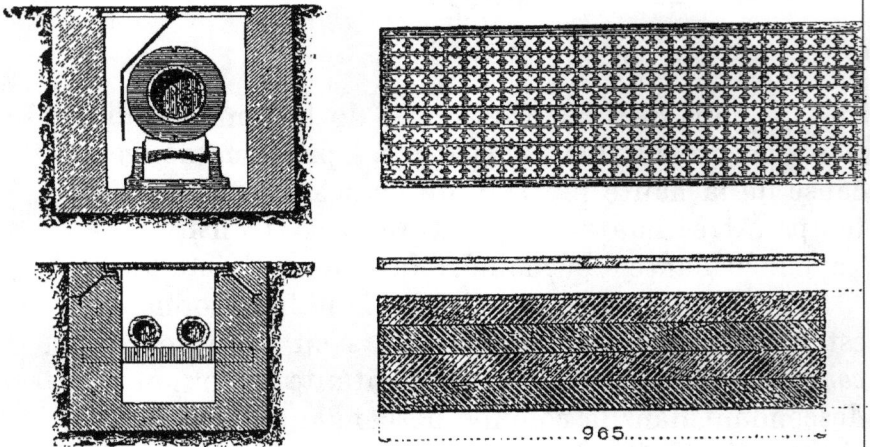

Fig. 187 et 188. — Tubes Perkins en caniveaux.

CHAPITRE XVII

PROCÉDÉS DIVERS

Nous citerons pour mémoire les procédés dits par *pulsion* d'eau chaude (Rouquaud), à circulation accélérée (Reck, Barker, Nessi, Rouquaud) et par pompe, dont la description nous entraînerait trop loin. Nos

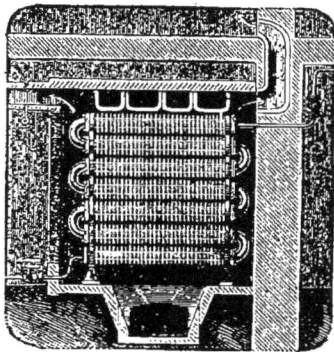

CALORIFÈRE A VAPEUR

Fig. 189.

lecteurs pourront consulter à ce sujet le livre de M. Berthier sur le chauffage économique des appartements par l'eau chaude.

Citons encore le *calorifère à vapeur* de MM. Davène
Robin et Cie, représenté par la figure 189, dans lequel
l'air s'échauffe sur des serpentins à ailettes dans les
quels circule de la vapeur ; cet air chaud est ensuite
envoyé dans les pièces par des conduits semblables
à ceux des calorifères de cave à air chaud ; un dispo
sitif analogue est employé pour l'utilisation des cha
leurs perdues des vapeurs d'échappement et d'autres
sous-produits industriels.

CHAPITRE XVIII

VENTILATION DES LOCAUX HABITÉS

Un local habité contient un certain nombre de mètres cubes d'air et cet air primitivement composé de 4/5 d'azote et de 1/5 d'oxygène (environ, en volumes), est rapidement vicié par la respiration et la transpiration des hommes et des animaux qui habitent le local. Par cette seule cause, l'air se charge d'acide carbonique, de vapeur d'eau et de matières organiques qui le rendent irrespirable et même malsain.

D'autres causes interviennent pour vicier l'air d'un local habité : les flammes des lampes, bougies, becs de gaz, absorbent l'oxygène et produisent de l'oxyde de carbone toxique et de l'acide carbonique ; les émanations du sol, l'humidité des murs, la cuisine et certains travaux habituels ou accidentels vicient rapidement l'air de nos maisons. C'est ainsi qu'une lampe ou un bec de gaz usent 22 à 24 mètres cubes d'air par heure ; une bougie 6 mètres cubes ; un réchaud au charbon de bois ou un poêle tirant mal rendent irrespirable l'air d'une chambre en quelques minutes.

Il faut donc ventiler constamment les chambres que nous habitons et des travaux précis ont déterminé dans quelles conditions doit se faire cette ventilation pour être suffisante.

Le tableau ci-après en donne un résumé :

Volume d'air vicié à évacuer et d'air neuf à introduire par heure et par individu pour assurer la salubrité des locaux habités (d'après le général Morin.)

```
Hôpitaux : malades ordinaires ...    60 à    70 mc.
      —      blessés et accouchées ........    100 mc.
      —      en temps d'épidémies ........    150 mc.
Prisons ............................    50 mc.
Ateliers ordinaires ................    60 mc.
      —      insalubres ................   100 mc.
Casernes......................    30 à    40 mc.
Salles de spectacle ou d'assemblées  40 à    60 mc.
Amphithéâtres ....................    30 mc.
Ecoles d'enfants ..............    12 à    15 mc.
      —      d'adultes...............    25 à    30 mc.
Chambres à coucher ................    30 mc.
Ecuries ou étables (chevaux, bœufs) 150 à   180 mc.
      —            (petits animaux).  60 à   100 mc.
```

En été, la ventilation s'obtient naturellement en laissant ouvertes les portes et les fenêtres ; on peut facilement assurer sans beaucoup de frais une ventilation permanente, même quand les fenêtres et les portes sont fermées, en disposant en bas des murs des orifices fermés par un grillage (ventouses) et en haut des murs de la pièce des châssis ouvrants ou *valves*, de façon que l'air circule en diagonale dans le local habité.

Le docteur Trélat a imaginé dans ce but des vitres perforées d'un grand nombre de trous coniques de 3 millimètres de diamètre que l'on met en haut des fenêtres.

Le général Morin a constaté qu'une cheminée d'appartement *sans feu*, produit un appel d'air de près de 250 mètres cubes par heure ; l'air pur doit pouvoir rentrer dans la pièce, soit par les joints des portes et fenêtres, soit par des orifices ou *ventouses* au niveau du plafond, ce qui est le meilleur endroit pour introduire l'air pur.

Quand la cheminée est allumée, la ventilation de la

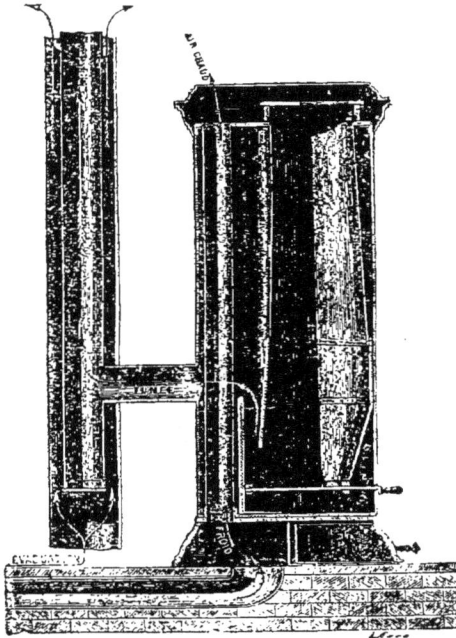

Fig. 190.

pièce est parfaite ; un poêle à combustion vive et à fort tirage donne encore une bonne ventilation par l'appel d'air extérieur qu'il produit. On peut utiliser la chaleur dégagée par le tuyau d'un poêle pour organiser une forte ventilation, la figure 190 montre l'application de ce procédé à un poêle Besson à feu lent et continu :

L'air appelé de l'extérieur par un caniveau ménagé

10

dans le plancher et dont l'admission est réglée, suivant la température extérieure, au moyen d'une trappe à coulisse, pénètre dans les tubes, s'y échauffe et est lancé chaud et pur dans la pièce.

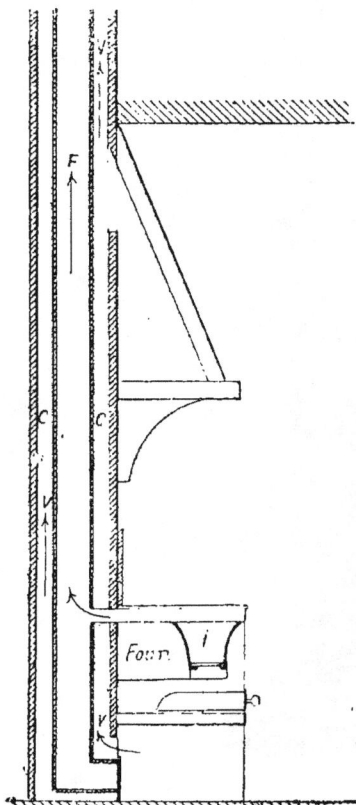

Fig. 191.

Fig. 192.

Le tuyau de fumée, en communication avec le foyer et avec l'extérieur, est entouré d'une enveloppe d'un diamètre plus grand, ouverte en haut et en bas, communiquant en haut avec l'extérieur, et en bas dans la salle même.

L'air contenu dans le manchon ainsi formé s'é-chauffe au contact du tuyau de fumée, s'élève et s'échappe à l'extérieur en faisant appel de l'air vicié par le bas.

La figure 191 montre une application du même genre pour la ventilation des cuisines : l'air vicié est appelé en V dans une gaîne entourant le conduit de fumée F, il est aussi enlevé par la hotte. L'air pur entre par des ventouses sous le plafond de la cuisine.

Les calorifères à air chaud envoient constamment dans les chambres de l'air extérieur réchauffé, mais cet air peut arriver vicié si le foyer ou les tubes du calorifère ont des fissures.

Dans le cas du chauffage central à eau ou à vapeur, la ventilation doit être entièrement prévue par des ventouses ou des ventilateurs mécaniques.

La figure 192 montre une fenêtre qui est pourvue en haut et en bas de deux petites ventouses fermées par de *très légers volets mobiles en mica*. Le volet du bas s'ouvre vers l'intérieur pour laisser entrer l'air pur ; celui du haut s'ouvre vers l'extérieur pour laisser échapper l'air vicié. Ces ventouses à volets se posent aussi bien dans un mur et sont efficaces et automatiques ; on les met en nombre suffisant selon les dimensions du local.

Les figures 193 et 194 montrent l'application aux cheminées de cuisine ou de poêles du *ventilateur aspirateur tubulaire* de Silbermann.

Cet appareil se compose :

1º D'un bâti troncopyramidal en tôle qui porte à droite et à gauche deux persiennes fixes et à sa face une persienne mobile ; en bas il est muni d'une buse pour recevoir le tuyau du fourneau ou de tout autre appareil de chauffage ;

2º D'une boîte ouverte en haut et en bas et traversée de devant en arrière par des tubes de forme spéciale légèrement inclinés ; cette boîte s'introduit comme un tiroir dans le bâti et en occupe presque tout l'intérieur.

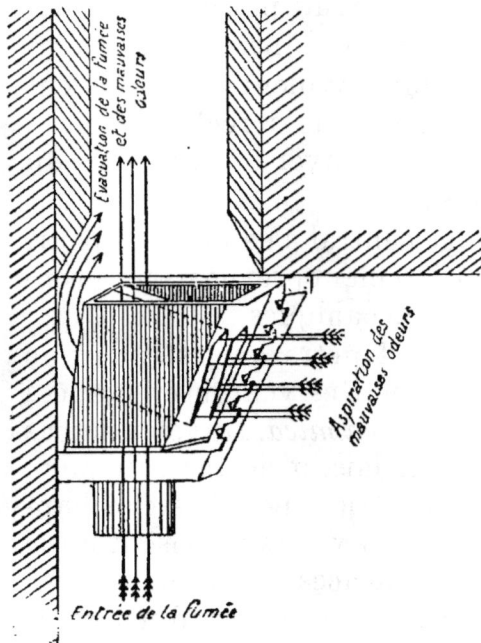

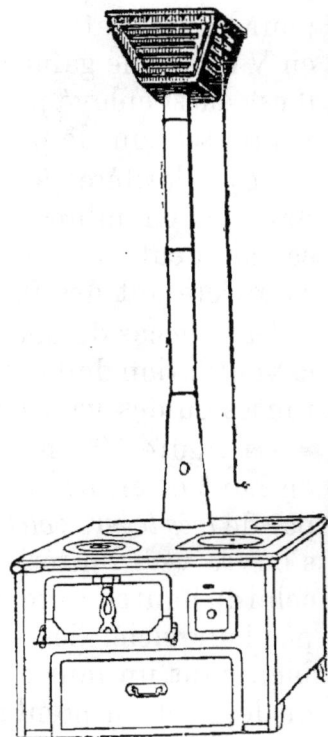

Fig. 193.

Fig. 194.

Le *Tubulaire* fonctionne constamment ; la ventilation et l'aération se font sans interruption.

L'aspiration est beaucup plus puissante lorsque le fourneau est allumé et que les tubes de l'aspirateur sont réchauffés par le passage de la fumée ; toutes les mauvaises odeurs et buées sont alors aspirées et évacuées par le même conduit que la fumée.

La ventilation des ateliers, des greniers, des écuries, des caves, des magasins, etc., se fait le plus souvent par l'un des procédés ci-dessus décrits et on y emploie en outre les tuiles chattières en terre cuite ou en tôle galvanisée (fig. 196), les tuyaux de ventilation à chapeau avec bouchon permettant d'arrêter à volonté la ventilation (fig. 195), les châssis vitrés ouvrant plus ou moins (fig. 196); les valves (fig. 197) et les châssis à *lames de persiennes* dits châssis Gaspard, représentés fig. 198,

 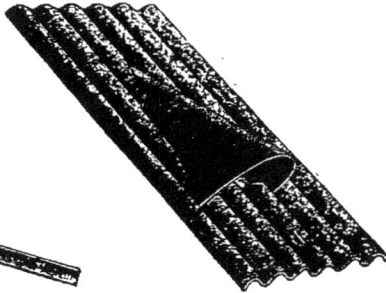

Fig. 195.   Fig. 196.

qui permettent à l'air d'entrer sans que la pluie puisse pénétrer dans le local ; enfin les grands aérateurs à lames mobiles représentés par la fig. 199.

La ventilation des locaux habités peut être activée en utilisant la force du vent ; malheureusement cette action du vent n'est qu'intermittente. Parmi les appareils de ce genre nous citerons ceux de Rebolledo, de Banner (fig. 200) et l'appareil appelé *La Cigogne* que montre la fig. 201.

Dans ces appareils, le vent oriente une sorte de girouette en forme d'entonnoir dans laquelle se produit un appel d'air qui aspire l'air vicié des locaux situés au-dessous du toit.

Nous arrivons maintenant aux ventilateurs mécaniques ; ce sont les plus efficaces. Ils permettent de régler à volonté la ventilation et d'insuffler l'air frais en été et l'air chaud en hiver. Ils agissent par *aspiration* ou par *insufflation*, ce mode étant préférable, car il diminue les courants d'air et permet d'amener l'air rafraîchi, réchauffé ou humidifié à volonté.

Un ventilateur centrifuge mû par un moteur d'un

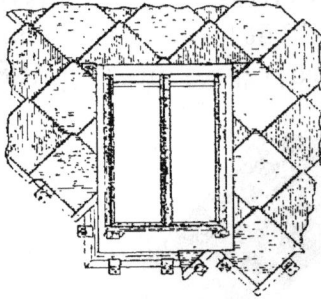

Fig. 196.

Fig. 197.

cheval peut fournir jusqu'à 18.000 mètres cubes d'air par heure à la pression suffisante de 5 à 6 millimètres d'eau.

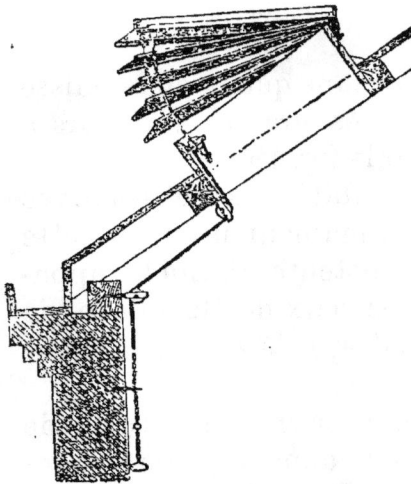

Fig. 198.

Un petit ventilateur électrique placé au-dessous du plafond aspire l'air extérieur et le refoule dans le local par une ventouse spécialement aménagée pour cela dans un mur ou un carneau sous plancher.

La figure 202 montre un de ces appareils muni d'une fermeture automatique qui obture l'orifice dès que le ventilateur s'arrête. Cet appareil dépense 30 watts pour 900 mètres cubes par heure et 80 à 100 watts pour 6.000 mètres cubes par heure.

Lorsqu'il fonctionne, la poussée de l'air fait ouvrir

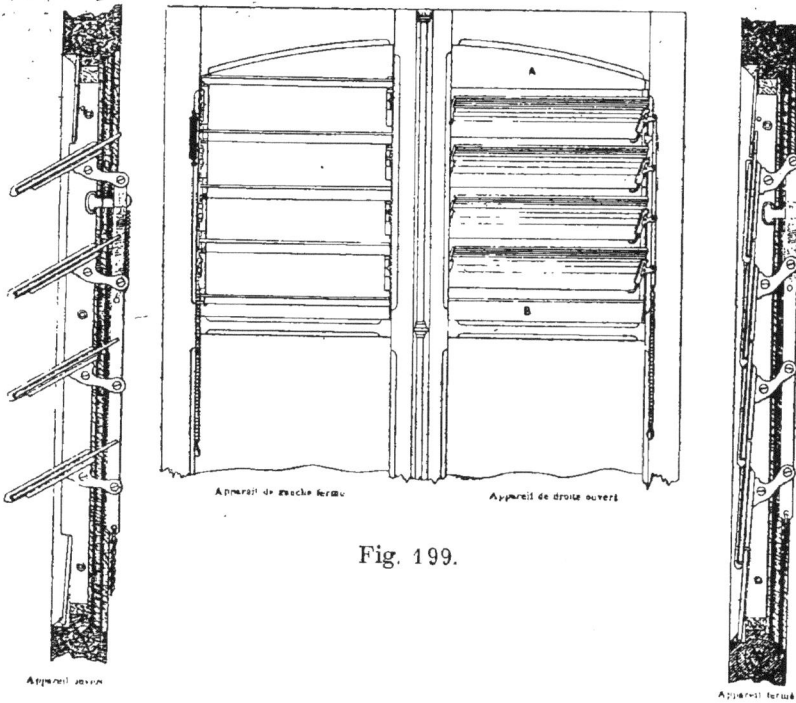

Appareil de gauche fermé   Appareil de droite ouvert

Appareil ouvert

Appareil fermé

Fig. 199.

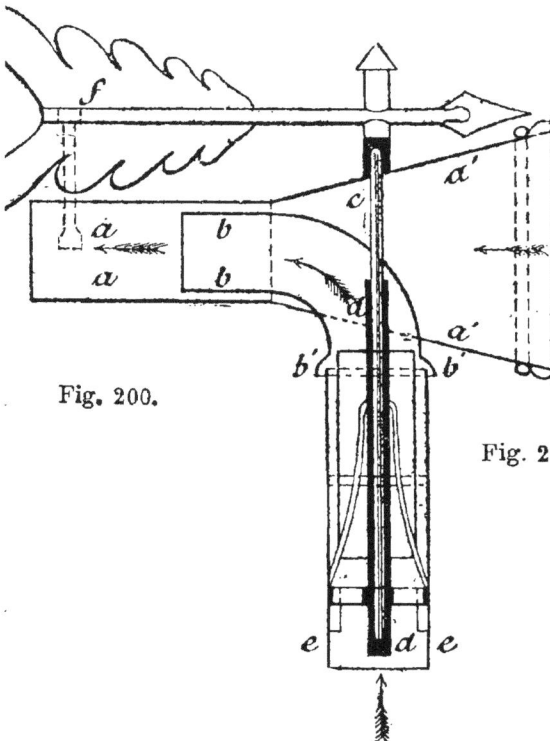

Fig. 200.

Fig. 201.

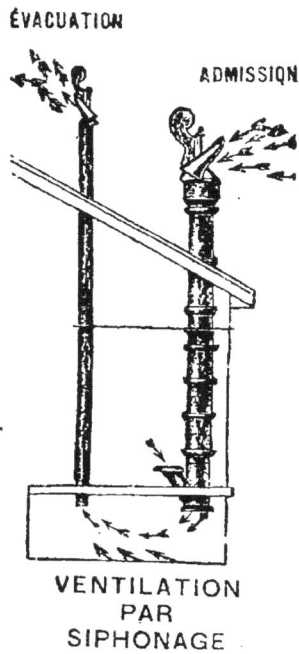

ÉVACUATION

ADMISSION

VENTILATION
PAR
SIPHONAGE

les volets et les maintient ouverts jusqu'à l'arrêt. Il est construit de façon à pouvoir se placer dans une imposte, une fenêtre ou une muraille.

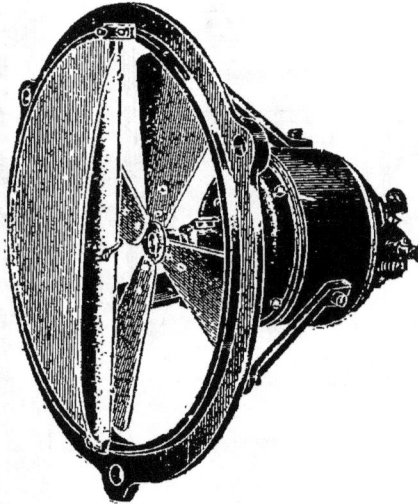

Fig. 202.

Disons de suite que les ventilateurs électriques portatifs que l'on installe dans l'*intérieur* des chambres n'ont aucune action pour le renouvellement hygiénique de l'air : ils ne font que brasser et déplacer l'air vicié enfermé dans la pièce.

Les ventilateurs aspirants peuvent se placer dans une gaîne murale analogue à un conduit de fumée. Il est possible aussi de produire dans une gaîne verticale un appel d'air énergique et continu en y entretenant une flamme à la base, un bec de gaz allumé par exemple. Ces gaînes doivent toujours aspirer l'air au ras des parquets des chambres.

Les figures 203 et 204 montrent un ventilateur actionné par une petite turbine à eau sous pression ; cet appareil peut être mû sans aucun frais dans les locaux où l'on a l'utilisation de l'eau : laboratoires, buanderies, fermes, usines, etc. Il consomme de 30 à 200 litres d'eau par heure pour des débits variant de 100 à 1.200 mètres cubes par heure.

L'été, un calorifère non allumé peut servir à la ventilation en plaçant un ventilateur dans la prise d'air.

Pour les édifices importants, la ventilation se fait par une gaîne dans laquelle on place un foyer quel-

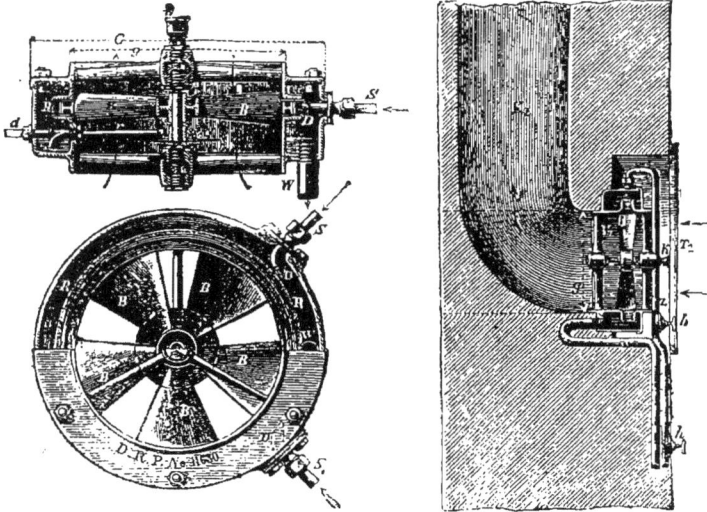

Fig. 203 et 204.

Fig. 205 et 206.

conque surmonté d'un conduit de fumée ou un ventilateur mécanique. Cette gaîne, à laquelle aboutissent
les canaux de prise de l'air vicié dans chaque pièce, se
termine au-dessus du comble par une lanterne d'évacuation.

Les appels peuvent se pratiquer par le haut, par le
bas ou par le haut et le bas à la fois, mais il est généralement préférable d'appeler l'air vicié par le bas,
l'air pur rentrant par le haut sous le plafond.

La figure 205 montre un ventilateur pour gaîne ou
mural, actionné par l'air chaud produit par un bec de
gaz ou une lampe à pétrole ; ce ventilateur supplée à
un ventilateur électrique. Enfin la figure 206 est un
ventilateur centrifuge mû par la courroie d'une transmission industrielle quelconque.

Ventilation des ateliers (Extrait du décret du 10 mars 1894)
ART. 6. — Les poussières, ainsi que les gaz incommodes,
insalubres ou toxiques seront évacués directement au dehors
de l'atelier, au fur et à mesure de leur production.

Pour les buées, vapeurs, gaz, poussières légères, il sera installé des hottes avec des cheminées d'appel ou tout autre appareil d'élimination efficace.

Pour les poussières déterminées par les meules, les batteurs,
les broyeurs et tous autres appareils mécaniques, il sera installé
autour des appareils, des tambours en communication avec une
ventilation aspirante énergique.

Pour les gaz lourds, tels que vapeurs de mercure, de sulfure
de carbone, la ventilation aura lieu *per descensum* : les tables
ou appareils de travail seront mis en communication directe
avec le ventilateur.

La pulvérisation des matières irritantes ou toxiques ou
autres opérations, telles que le tamisage et l'embarillage de
ces matières, se feront mécaniquement en appareils clos.

L'air des ateliers sera renouvelé de façon à rester dans l'état
de pureté nécessaire à la santé des ouvriers.

ART. 9. — Pendant les interruptions de travail pour les
repas, les ateliers seront évacués et l'air en sera entièrement
renouvelé.

Voir dans le volume XI, les chauffages au gaz, au
pétrole, à l'acétylène, à l'électricité, etc.

TABLE DES MATIÈRES

———

———

Orléans, imp. H. Tessier.

www.ingramcontent.com/pod-product-compliance
Lightning Source LLC
Chambersburg PA
CBHW072311210326
41519CB00057B/4023